VÉGÈCE

TRAITÉ

DE

L'ART MILITAIRE

TRADUCTION NOUVELLE

PAR VICTOR DEVELAY.

> Cette branche de l'antiquité est généralement peu connue, par la raison que les traités spéciaux sont extrêmement rares. — STRWECK.

PARIS

LIBRAIRIE MILITAIRE, MARITIME ET POLYTECHNIQUE

J. CORREARD

Libraire-éditeur, et libraire commissionnaire,

RUE SAINT-ANDRÉ-DES-ARTS, 53.

1859

Droit de reproduction réservé

TRAITÉ

DE

L'ART MILITAIRE

SOUS PRESSE :

JULES-CÉSAR

GUERRE CIVILE

TRADUCTION NOUVELLE
Par VICTOR DEVELAY.

SALLUSTE

CONJURATION DE CATILINA

TRADUCTION NOUVELLE
Par VICTOR DEVELAY.

ARGENTEUIL. — IMPRIMERIE WORMS ET COMP.
Bureaux à Paris, rue Sainte-Anne, 48.

VÉGÈCE

TRAITÉ

DE

L'ART MILITAIRE

TRADUCTION NOUVELLE

PAR VICTOR DEVELAY.

> Cette branche de l'antiquité est généralement peu connue, par 'a raison que les traités spéciaux sont extrêmement rares. STEWECK.

PARIS

LIBRAIRIE MILITAIRE, MARITIME ET POLYTECHNIQUE

J. CORRÉARD

Libraire-éditeur, et libraire commissionnaire,

RUE SAINT-ANDRÉ-DES-ARTS, 58.

1859

Droit de reproduction réservé.

A M. LÉON JANDARD,

Sous-lieutenant au 7ᵉ de ligne.

En traduisant ces pages, mon cher Léon, j'ai pensé à vous plus d'une fois. Tandis que je calquais le précepte, vous en faisiez l'application. Nous débutions ainsi tous deux dans des carrières bien différentes, liés par une conformité de vues. Végèce, vous le savez, aimait l'art militaire avec passion. C'est aussi par goût que vous l'avez embrassé. Les joies de la famille n'ont pu comprimer vos tendances; à travers les aspérités du métier, vous avez envisagé la gloire, et vous n'avez point hésité. Tout ce qui a pour objet de préparer cette douce récom-

pense des cœurs généreux doit convenir au vôtre. Glissez donc ce petit volume dans votre porte-manteau. La valise d'un sous-lieutenant ne permet, en fait de livres, qu'un choix très-restreint; si vous accordez une place à celui-ci, vous lui porterez bonheur.

VICTOR DEVELAY.

Paris, le 28 octobre 1858.

AVERTISSEMENT.

La guerre est aussi ancien. que le monde. Du plus loin que l'œil de l'homme puisse lire dans le passé, il aperçoit la faiblesse victime de la force. Chaque page de la vie des peuples est rouge de sang. N'en déplaise aux utopistes, la guerre est une nécessité fatale de notre nature, qui durera tant que

> Les vents aux vents et les ondes aux ondes
> S'opposeront avec fracas (1).

Chose singulière ! c'est à une époque où la philosophie, maîtresse de l'opinion, avait le plus

---

(1) REBOUL. Sainte-Hélène.

décrié la guerre, qu'on a vu celle-ci promener sur le globe toutes ses fureurs. La France du dix-neuvième siècle a connu, au prix des plus héroïques travaux, les merveilles du génie de la conquête. De 1792 à 1815, pendant vingt-trois années consécutives, elle a été sans cesse aux prises avec l'Europe. L'esprit militaire, naturel à cette nation, put donc se développer avec succès à l'école des mille incidents du champ de bataille. Mais l'instruction pratique, si féconde qu'elle soit, ne suffit pas. L'art de la guerre, « le plus grand de tous, après celui de gouverner, (1) » exige encore de laborieuses méditations. Napoléon Ier l'a avoué plus d'une fois, et particulièrement à l'ouverture de la seconde campagne de Saxe, en 1813. On aime à entendre ce grand capitaine, après les fâcheuses journées de la Katzback, de Gross-Beeren, de Kulm et de Dennevitz, disserter avec calme, au milieu de ses lieutenants, sur le degré d'aptitude indispensable à un chef d'armée, réclamer l'indulgence pour les généraux malheureux, en raison des difficultés sans nombre de leur pro-

---

(1) M. THIERS. *Histoire du Consulat et de l'Empire*, t. XVI, Leipzig et Hanau.

fession, et promettre d'écrire un jour, s'il en avait le loisir, un exposé, clair et accessible à tous, de l'application des principes. Il tint parole : car le captif de Sainte-Hélène, pour tromper les amertumes de l'exil, a enrichi la science militaire de nouveaux trésors.

La nécessité, à la guerre, d'unir les enseignements de la théorie aux leçons de l'expérience, vraie de tout temps, se manifeste principalement aux époques de crises qui agitent la société. Ainsi, sur la fin du IV° siècle, quand le monde romain, déchiré au-dedans par les factions, assailli au dehors par des essaims de peuples barbares, marchait vers la décadence, des idées de réforme dans la discipline militaire préoccupèrent les esprits. Un prince jeune et chevaleresque, Valentinien II, favorisa ce mouvement. C'est sous ses auspices que fut entrepris l'ouvrage dont nous donnons la traduction. Cet empereur, doué de qualités précoces et d'un zèle éclairé, périt à vingt-sept ans. Sa mort, hâtée par le crime, laissa l'empire d'Occident aux mains du grand Théodose, déjà maître de l'Orient.

On sait fort peu de choses certaines sur la vie privée de Végèce. Pour lui, comme pour tant d'autres, les conjectures abondent ; mais ces données purement imaginaires n'ont rien de sérieux. Il est probable qu'il ne fut point étranger au métier des armes : son titre de comte indique qu'il occupait dans la milice romaine un des plus hauts emplois (1). De ses campagnes, s'il en fit, rien n'est parvenu jusqu'à nous. La postérité ne connaît de lui que son livre. Cette portion d'héritage est sans contredit le meilleur lot.

Toutefois, disons-le nettement : hormis quelques écrivains, versés dans l'histoire de l'art militaire, le recueil didactique de Végèce a rencontré assez peu de partisans. Cette indifférence s'explique moins par l'aridité du sujet que par le coup d'œil superficiel avec lequel on envisageait communément le passé. Aujourd'hui que le domaine de l'histoire s'agrandit, à mesure qu'il se perfectionne, et que la confusion des systèmes tend à disparaître devant la vérité exclusive des faits, il est permis

---

(1) « Le préfet de légion était le chef spécial de ce corps ; » investi du titre de *Comte* de première classe, il repré- » sentait le lieutenant et possédait, en son absence, les pou- » voirs les plus étendus. »

VÉGÈCE, liv. II, chap. 9.

de croire que Végèce, mieux connu, sera mieux goûté. Mais, dira-t-on, la tactique moderne n'a pas la moindre analogie avec celle des anciens; la différence des armes a établi entre les deux périodes une ligne de démarcation incommensurable; tout ce qui rappelle cet état de choses suranné est donc un anachronisme, bon tout au plus à éveiller la curiosité oiseuse de nos voisins d'outre-Rhin. Cette objection, bien loin de l'atténuer, justifie pleinement le mérite de l'œuvre en question. C'est précisément parce que rien de ce qui nous entoure ne peut donner une idée de l'art militaire antique, que tant de passages des historiens anciens sont pour nous une lettre morte. Comme ces dogmes que le mystère recommande à la vénération des peuples, on les admire le plus souvent par convention, par habitude; on craindrait presque de les approfondir. Et que l'on ne s'étonne pas de cette sourde invasion de l'ignorance! elle émane de plus haut qu'on ne croit. La plupart des traducteurs de l'antiquité, par une négligence coupable, sont tombés, en ce qui concerne la guerre, dans une foule d'erreurs, se souciant peu de défigurer les grands modèles qu'ils essayaient de reproduire. « Nos traductions, écrit Guischardt, sont toutes de mauvais mémoires, sur lesquels on travaille sans succès, pour expliquer l'art militaire des anciens; elles ne peuvent tout au plus qu'amuser leurs lecteurs. Les détails y sont toujours estropiés, les grands mouvements mal décrits, les grandes manœuvres embarrassées (1). »

Ces plaintes, justement fondées, de l'aide-de-camp favori de Frédéric II, ont été renouvelées récemment par un de nos plus célèbres tacticiens contemporains. « Lorsque je voulus lire l'histoire romaine avec quelque fruit, je cherchai avidement à comprendre les batailles et les opérations des armées, mais sans pouvoir y réussir, parce que je manquais des connaissances préliminaires nécessaires. Je sentis bientôt qu'il fallait commencer par acquérir des notions claires sur la milice romaine, sur l'organisation et sur l'ordre des armées (2). » Ainsi s'exprime le général Rogniat. Nul, parmi les modernes, n'a pénétré plus avant que lui dans le dédale de l'organisation légionnaire, d'où il a su tirer d'excellents matériaux pour l'amélioration du système

---

(1) GUISCHARDT. *Mémoires militaires sur les Grecs et les Romains.*

(2) ROGNIAT. *Considérations sur l'art de la Guerre.*

actuel. Mais ce ne fut pas sans peine. Egaré d'abord par les versions des commentateurs, il prit le parti d'aller droit aux sources et d'étudier, dans les récits multiples de l'histoire, l'ordonnance des troupes et le mécanisme des combats. Cette tâche, d'un labeur patient et scrupuleux, n'était possible que pour un esprit secondé par l'expérience de la guerre. C'est à ce titre et sous ce point de vue que, dans le Bas-Empire, Végèce, plus rapproché des événements, avait conçu et réalisé son plan. Ecoutons-le analyser lui-même la contexture de son œuvre. On verra que, de son temps déjà, la milice romaine avait singulièrement dégénéré, et que, pour retracer le tableau de sa splendeur primitive, il lui fallut recourir à bien des éléments dispersés.

« Nous sommes réduits, dit-il, à étudier les anciennes coutumes dans les historiens et dans les traités spéciaux. Et encore, les écrivains militaires, envisageant les faits d'après leur ensemble et leurs résultats, ont-ils omis, comme connus du lecteur, les détails qui font l'objet de nos recherches. Il est vrai que les Lacédémoniens, les Athéniens et d'autres Grecs ont composé plusieurs volumes sur ce qu'on nomme la *Tactique*. Mais ce qu'il nous importe de connaître, c'est l'art militaire du peuple romain qui, des frontières les plus circonscrites, a étendu son empire jusqu'aux pays où naît le soleil, presque aux confins du monde. Pour cela, après avoir parcouru les différents auteurs, j'ai dû reproduire fidèlement dans cet opuscule le Traité de la Guerre de Caton le Censeur, les ouvrages de Cornélius Celsus et de Frontin, ceux de Paternus, habile interprète du Code militaire, les sages règlements d'Auguste, de Trajan, d'Adrien. Je n'assume aucune responsabilité ; j'emprunte aux personnages que je viens de citer leurs préceptes épars, et je ne fais que coordonner ces fragments (1). »

Le rôle de Végèce, clairement indiqué, est celui d'un rapporteur qui invoque tous les documents nécessaires et ne prononce qu'après un examen consciencieux. Il ne se borne pas, comme l'anecdotier Frontin, par exemple, à grouper autour d'une maxime une litanie de faits décousus. Sa méthode est régulière, nerveuse et concise ; il procède par un enchaînement de déductions qui s'expliquent et se fortifient mutuellement.

Son ouvrage se divise en cinq livres.

Le premier livre est consacré au choix et à

---

(1) VÉGÈCE. Liv. I, chap. 8.

l'exercice des recrues. De ces dispositions préparatoires dépend la vitalité d'une armée. C'est au choix éclairé des recrues et à l'éducation sévère, qui les accueillait sous le drapeau, que Végèce attribue les prodigieux succès des Romains. Les exemples ne lui manquent pas, pour prouver que l'influence de la faveur sur le recrutement et le relâchement de la discipline ont eu pour effets immédiats d'engendrer des désastres, et de mettre Rome à deux doigts de sa perte. Il donne la description de chacun des exercices du soldat, et termine par cette revue éloquente des avantages de la pratique des armes.

« J'ai parcouru, dit-il, tous les écrivains militaires, pour réunir dans cet opuscule les préceptes relatifs au choix et à l'exercice des recrues, préceptes dont une application consciencieuse peut faire revivre dans l'armée les merveilles de l'antique bravoure. Non, la chaleur martiale n'a point dégénéré chez les hommes; non, elle n'est point épuisée la terre qui a donné naissance aux Lacédémoniens, aux Athéniens, aux Marses, aux Samnites, aux Péligniens, ni même celle qui a engendré les Romains! N'a-t-on pas vu les Epirotes briller longtemps de l'éclat des armes? les Macédoniens et les Thessaliens, vainqueurs des Perses, porter la guerre jusque dans l'Inde? Le Dace, le Mèse, le Thrace ont eu de tout temps une telle renommée guerrière, que les traditions de la Fable fixent chez eux le berceau de Mars. Il serait superflu de vouloir énumérer les talents militaires des diverses provinces, puisqu'elles sont toutes comprises sous la domination romaine. Mais le calme d'une longue paix a dirigé les uns vers les charmes du loisir, les autres vers les emplois civils. C'est ainsi que la pratique des exercices militaires, d'abord négligée, puis abandonnée, a fini par tomber un jour dans l'oubli. Cette situation, qui date du siècle dernier, n'a rien d'étonnant, si l'on songe qu'après la première guerre punique, une paix de vingt ans et plus, en supprimant l'habitude des armes, plongea dans un tel affaiblissement ces Romains, partout victorieux, qu'ils furent incapables, à la seconde guerre punique, de tenir tête à Annibal. Après tant de consuls, de généraux, d'armées sacrifiées, ils ne parvinrent à ressaisir la victoire qu'en possédant parfaitement la connaissance des exercices militaires (1). »

(1) Végèce. Liv. I, chap. 28.

Le deuxième livre embrasse les détails de l'organisation militaire. Là, nous voyons paraître, pièce à pièce, tous les rouages de cette machine guerrière, qui fonctionna avec un si admirable ensemble, sous le nom de légion : non pas la légion abâtardie du Bas-Empire, mais la vraie légion romaine, celle des Scipions, des Marius, des César et des Pompée. C'est le précieux modèle que Végèce propose à l'émulation de ses contemporains. Malheureusement pour la civilisation, ses plans de réforme passèrent presque inaperçus, au milieu des agitations convulsives de la société de son temps, sous l'étreinte des Barbares.

<blockquote>
Video meliora proboque
Deteriora sequor (1).
</blockquote>

Voilà l'homme ! voilà les nations !

Toujours est-il que la sagacité, en quelque sorte prophétique, avec laquelle Végèce entrevoit l'avenir, n'est pas d'un esprit ordinaire, et que la chaleur d'âme, avec laquelle il lutte contre l'aveuglement de son siècle, n'est pas d'un civisme commun.

(1) Ovide.

« La légion, écrit le Quintilien des camps, possédait dans ses cohortes tous les éléments désirables. L'infanterie de ligne y était représentée par les princes, les hastaires, les triaires et ceux qui précèdent les enseignes ; l'infanterie légère par les dardeurs, les archers, les frondeurs et les arbalétriers ; des cavaliers légionnaires, inscrits sur ses contrôles, lui étaient spécialement affectés. Camps retranchés, dispositions en bataille, manœuvres, elle accomplissait toutes les opérations de la guerre d'un commun accord, sous l'inspiration d'un même esprit; parfaite à tous égards, elle n'ambitionnait aucune assistance étrangère, et le nombre des ennemis à vaincre, quel qu'il fût, ne l'a jamais arrêtée. La preuve en est dans l'agrandissement de la puissance romaine qui, à l'aide de ses légions, a constamment terrassé autant d'ennemis qu'elle a voulu, ou que les circonstances l'ont permis (1). »

Dans l'exposé de la légion, Végèce mentionne volontiers les usages de son temps, ce qui fait qu'entre les deux époques la distinction n'est peut-être pas assez tranchée. De là un semblant

---

(1) VÉGÈCE. Liv. II, chap. 2.

d'inexactitude qui a éveillé les susceptibilités de la critique et a fait dire que Végèce avait composé un amalgame de l'ancienne et de la nouvelle organisation légionnaire. N'exagérons pas cet inconvénient. Le Traité de l'Art militaire n'est point un mémoire académique notant avec grand luxe d'érudition, depuis Romulus jusqu'à Théodose, les phases diverses de la légion. C'est, avant tout, un livre essentiellement pratique, inspiré par un besoin général profondément senti, comme ceux qui ont paru, dans les temps modernes, pour maintenir au niveau de la science l'esprit des armées. Qu'il s'y soit glissé certaines erreurs, les productions les plus vantées n'en sont pas exemptes, l'altération du texte peut y être pour quelque chose, et au surplus la critique gagnerait encore à les signaler.

Le troisième livre est un cours complet de stratégie. Jusqu'ici, l'auteur a étudié isolément chaque partie de ce grand tout qu'on appelle une armée; il entre maintenant dans la sphère des considérations générales. Toute la tactique des Romains est là. Certes, la supériorité des moyens obtenus depuis quinze cents ans, a singulièrement modifié l'art de la guerre. Mais encore une fois, ce n'est point à l'échelle du présent qu'il convient de mesurer le passé, sous peine de s'en faire l'idée la plus déraisonnable et la plus fausse. « Le cœur de l'homme, ses forces physiques n'ont pas sensiblement changé ; la terre présente à sa surface des accidents analogues, et dans la direction générale de la guerre Napoléon ne s'y prenait pas autrement qu'Annibal ou que César. Mais si nous quittons la stratégie pour la tactique, si des combinaisons qui préparent les succès ou les revers nous passons aux événements eux-mêmes qui constituent la défaite ou la victoire ; en un mot, si nous entrons dans le détail des actions de guerre des anciens, de leurs batailles et surtout de leurs siéges, le fil conducteur nous manque presqu'entièrement. L'invention de la poudre a introduit un tel changement dans la manière de ranger les troupes, de les faire combattre, et surtout de défendre ou d'attaquer les places et les positions, qu'à chaque instant, lorsqu'on lit les récits d'un écrivain militaire de l'antiquité, on s'arrête, malgré soi, devant des assertions qu'il semble impossible d'admettre. Si peu qu'on soit initié à la science militaire des modernes, il faut, pour comprendre, faire abstraction de ce que l'on a pu apprendre ailleurs. Sans doute il y a encore de nobles et utiles leçons à trouver dans le spectacle des actions héroïques ou des résolutions promptes et hardies, il y a encore à étudier l'art de créer des ressources, de profiter des circonstances et du terrain ; mais la partie mécanique et scientifique est entièrement changée. De là résulte pour notre esprit, qui doit à la fois et pénétrer le sens du récit et s'affranchir des habitudes auxquelles il est façonné, la nécessité d'un travail double et assez compliqué (1). » On cite tous les jours, on répète avec emphase les noms d'Alexandre, d'Annibal, de César. On fait plus : on se plaît à mettre en parallèle ces héros et les conquérants modernes ; on les classe dans la hiérarchie de l'intelligence, avec le sans façon d'un sergent alignant par rang de taille ses grenadiers. Mais, à moins de tenir compte des ressources et des obstacles qu'a rencontrés leur génie, un thème de ce genre ne sera jamais qu'une puérile déclamation. Nécessité donc d'observer les nuances caractéristiques d'une époque, pour juger sainement du mérite des hommes qui l'ont illustrée.

(1) Alesia. Etude sur la septième campagne de César en Gaule. *Revue des Deux-Mondes*; mai 1858.

Le quatrième livre traite de l'attaque et de la défense des places. Un prince russe, ambassadeur à la cour de Louis XV et ami de Voltaire, a laissé sur ce livre un commentaire ingénieux qui dédommage du fatras pédantesque de Turpin de Crissé. Nous citerons ses paroles, parce qu'elles font ressortir la concision féconde de Végèce. « La première fois, dit le prince de Galitzin, que j'ai lu le quatrième livre de Végèce, je fus surpris de la manière dont il avait traité les fortifications. Je fus plus surpris encore, lorsque l'ayant relu avec plus d'attention, je m'aperçus que ce petit abrégé, genre d'ouvrage très en vogue dans son temps, renfermait avec netteté ce que d'autres eussent délayé dans des in-folio. J'admirai surtout l'art avec lequel il nous fait sous-entendre plus encore qu'il ne nous dit, et je fus étonné qu'il n'existât pas un seul commentaire sur un ouvrage aussi important. Dès lors, je résolus de m'en occuper (1). »

Le cinquième livre contient des développements sur les diverses branches de la marine.

D'après cette courte analyse, il est facile de

---

(1) Le prince Dimitri de Galitzin. Essai sur le quatrième livre de Végèce. *Journal des Savants*, août 1790.

voir que le Traité de l'Art militaire est un monument dont l'intérêt égale la rareté. Les Stratagèmes de Frontin ne sont guère qu'un répertoire de faits pris çà et là chez les historiens. La Nomenclature militaire, attribuée à Modestus, n'est autre chose qu'un fragment de Végèce copié mot pour mot. Les historiens à part, c'est donc dans l'œuvre de Végèce qu'on retrouve, pour ainsi dire, le seul reflet national du génie militaire des Romains. Pour tout homme désireux de visiter avec fruit le musée de l'histoire, la lecture attentive de ces pages est une véritable initiation. Aussi peut-on presque le dire : « A l'aide de ces connaissances premières, il n'est aucune bataille, aucune marche, aucune opération militaire qu'on ne puisse se représenter parfaitement; on pourrait, sans craindre de se tromper, faire le plan de la plupart des batailles anciennes (1). » Voilà ma conclusion.

Un mot, en finissant, sur le texte que j'ai adopté. J'ai suivi l'édition de Schwebel, imprimée à Strasbourg, en 1806, par la compagnie de Deux-Ponts, avec un recueil de notes des

---

(1) ROGNIAT. *Considérations sur l'art de la guerre.*

meilleurs critiques allemands. J'ai puisé dans ces dernières quelques variantes qui m'ont paru nécessaires à l'intelligence du texte.

J'aurais pu, en m'aidant des nombreux travaux parus sur la matière, grossir ce volume d'annotations et de remarques. Il est si facile de faire sa gerbe dans le champ de la compilation. Ce qui l'est beaucoup moins, à mon avis, c'est de transporter, d'une langue morte dans un idiôme vivant, des usages tombés en désuétude, et de trouver, pour les rendre, des équivalents rigoureusement exacts. J'ai donc réservé pour moi seul, sans en faire part au lecteur, qui s'en soucie peu, les controverses arides de l'érudition. L'érudition est à un art ce que les bagages sont aux armées. Aujourd'hui, en campagne, on ne se charge que du strict nécessaire, on marche vite, on devient léger. Ainsi fait le lecteur.

Victor Develay.

TRAITÉ

DE

L'ART MILITAIRE

SOMMAIRE DU LIVRE PREMIER.

I. La pratique des armes a valu seule aux Romains la conquête de tous les peuples.
II. Parmi quelles nations choisir les recrues.
III. Les recrues des campagnes sont-elles préférables à celles des villes?
IV. A quel âge admettre le conscrit.
V. Taille du conscrit.
VI. Indices physiques qui caractérisent les meilleurs sujets.
VII. Professions en harmonie ou en désaccord avec le métier des armes.
VIII. Marque distinctive donnée au conscrit.
IX. Pas militaire, course, saut.
X. Natation.
XI. Exercice de la quintaine usité chez les anciens.
XII. Supériorité de la pointe sur le taillant.
XIII. Escrime.
XIV. Javelot.
XV. Arc.
XVI. Fronde.

XVII. Balles de plomb.
XVIII. Équitation.
XIX. Charge du soldat.
XX. Armes en usage chez les anciens.
XXI. Utilité de la fortification des camps.
XXII. Assiette d'un camp.
XXIII. Tracé d'un camp.
XXIV. Modes de fortification d'un camp.
XXV. Retranchement d'un camp devant l'ennemi.
XXVI. Évolutions de ligne.
XXVII. Promenade militaire.
XXVIII. Avantages de la pratique des armes.

VÉGÈCE

TRAITÉ DE L'ART MILITAIRE

LIVRE PREMIER.

AVANT-PROPOS.

A L'EMPEREUR VALENTINIEN II.

C'était l'usage autrefois de mettre par écrit ses études sur les arts, et d'en offrir la rédaction aux princes ; car, pour débuter sagement, les auspices de l'empereur sont, après ceux de la divinité, les plus favorables; et personne n'est tenu de réunir un plus vaste trésor de connaissances que le chef de l'État, dont les lumières peuvent contribuer au bien-être de tous ses sujets. Octavien Auguste et d'autres excellents princes autorisèrent volontiers cette coutume, comme le prouvent de nombreux exemples. Aussi, aidée du suffrage des monarques, l'éloquence a grandi, tant qu'elle ne fût point taxée de hardiesse coupable. Engagé à mon tour dans cette voie, lorsque je considère avec quelle rare bonté Votre Clémence accueille les tentatives littéraires, j'aperçois à peine toute la distance qui me sépare des écrivains de l'antiquité. D'ailleurs, cet opuscule ne demande ni les ornements du style, ni les étincelles du talent, mais l'exactitude d'un travail consciencieux, destiné qu'il est à recueillir des préceptes, disséminés et enfouis chez la plupart des historiens et des auteurs militaires, pour les reproduire au jour dans l'intérêt des Romains. Nous essaierons d'abord de montrer, à l'aide de chapitres gradués, les mesures adoptées anciennement pour le choix et l'exercice des recrues. Non que nous supposions, invincible Empereur, que ces détails vous soient étrangers ; mais afin que vous puissiez reconnaître que vos dispositions personnelles pour la défense de l'État sont conformes à celles qu'ont prises jadis les fondateurs de l'Empire romain ; et que vous trouviez réuni dans ce petit volume tout ce qui intéresse vos préoccupations sur des matières aussi importantes et d'une constante nécessité.

CHAPITRE PREMIER.

LA PRATIQUE DES ARMES A VALU SEULE AUX ROMAINS LA CONQUÊTE DE TOUS LES PEUPLES.

A la guerre, ce qui détermine ordinairement la victoire, c'est moins la quantité d'hommes et la bravoure dénuée d'expérience que l'art développé par l'application. Les moyens qui assurèrent au peuple romain la soumission de l'univers ne sont autres évidemment que la pratique des armes, la science des campements, l'habitude de la guerre. Sans cela, en effet, comment le petit nombre des Romains aurait-il pu tenir contre la multitude des Gaulois ? Comment la petitesse de leur taille aurait-elle défié les formes gigantesques du Germain ? Les Espagnols nous étaient certainement supérieurs et en nombre et en force physique ; nous avons toujours été au-dessous des Africains sous le rapport de la ruse et des richesses ; les Grecs nous ont surpassés en sagesse et en talents ; ceci n'a jamais fait l'ombre d'un doute. Mais devant tous ces obstacles, il a suffi de faire un choix éclairé des recrues ; de leur enseigner, pour ainsi dire, la jurisprudence des armes ; de les fortifier par des exercices quotidiens; de les initier, sur le terrain de manœuvre, à toutes les éventualités présumables des combats et des batailles; d'infliger à la paresse de sévères châtiments. Car le savoir militaire alimente l'audace du soldat; nul n'appréhende d'exécuter ce qu'il est sûr de connaître à fond. Dans les hasards de la guerre, une poignée d'hommes exercés tient la victoire en mains; une masse ignorante et maladroite risque toujours d'être taillée en pièces.

CHAPITRE DEUXIÈME.

PARMI QUELLES NATIONS CHOISIR LES RECRUES.

Pour agir avec ordre, il faut examiner d'abord parmi quelles provinces ou quelles nations on prendra les recrues. Il est de fait qu'en tout pays naissent indistinctement des braves et des lâches. Cependant tel peuple surpasse tel autre à la guerre, et d'ailleurs le climat influe singulièrement sur les facultés physiques et morales. Nous alléguerons à cet égard l'opinion des juges les plus compétents. Tous les peuples rapprochés du soleil, disent-ils, exposés à une chaleur absorbante, ont plus de vivacité, d'instincts et moins de sang; aussi le courage et l'aplomb leur font-ils défaut pour combattre de près, dans la crainte des blessures due à leur organisation peu sanguine. Ceux du Nord, au contraire, éloignés des ardeurs du soleil, sont moins prévoyants, il est vrai; mais en retour, leur vigoureuse constitution les prédispose merveilleusement à la guerre. Il faut donc choisir les recrues dans des climats tempérés, là, où une surabondance de vie fait affronter les blessures et la mort, sans rien ôter de l'esprit de prudence qui inspire la subordination au camp, et dirige la conduite sur le champ de bataille et dans les conseils.

CHAPITRE TROISIÈME.

LES RECRUES DES CAMPAGNES SONT-ELLES PRÉFÉRABLES A CELLES DES VILLES?

Voyons, en second lieu, si les recrues des campagnes sont préférables à celles des villes. Ici, je ne crois pas qu'on ait jamais pu mettre en doute l'aptitude spéciale du peuple des campagnes pour les armes : lui, élevé en plein air, rompu à la fatigue, habitué au soleil, peu soucieux de l'ombre, ne sachant même pas s'il existe des bains, ignorant le luxe, simple dans ses goûts, se contentant de peu, façonné et endurci de bonne heure à toute espèce de travaux : manier le fer, creuser des fossés, porter des fardeaux, telles sont les habitudes des champs. Pourtant la nécessité veut quelquefois qu'on appelle également aux armes les habitants des villes. Admis sous les drapeaux, ils apprendront d'abord à travailler, à faire des courses, à porter des charges, à braver le soleil et la poussière, à vivre d'une nourriture sobre et frugale, à séjourner tantôt en plein air, tantôt sous la tente. Ils passeront ensuite à l'étude pratique des armes; dans la prévision d'une expédition lointaine, on les tiendra le plus longtemps possible en rase campagne, hors des séductions de la cité, pour leur faire contracter tout ensemble la force physique et la force morale. Nous ne disconvenons pas que, dans les commencements de Rome, les habitants des villes partaient tous pour la guerre; mais alors ils n'étaient énervés par aucune jouissance sensuelle. La jeunesse, en nageant dans le Tibre, se lavait des sueurs de la course et du terrain de manœuvre. Le guerrier et le laboureur ne faisaient qu'un; le même homme prenant tour à tour l'épée et la charrue. Ceci est tellement vrai qu'il est de notoriété publique que, quand la dictature fut offerte à Quinctius Cincinnatus, il labourait. Les campagnes sont donc appelées à fournir la force principale d'une armée. Car il est de fait qu'on redoute moins la mort quand on a moins connu les douceurs de la vie.

CHAPITRE QUATRIÈME.

A QUEL AGE ADMETTRE LE CONSCRIT.

Cherchons maintenant à quel âge il convient de prendre le soldat. Personne n'ignore que, d'après nos anciennes coutumes, les recrues doivent être choisies au début de la puberté; car, à cette époque de la vie, l'enseignement offre le double avantage d'un progrès rapide et durable. D'ailleurs les épreuves de la course et de la gymnastique, d'où naît la vivacité des allures militaires, doivent avoir lieu avant que l'âge n'engourdisse le corps. C'est l'agilité, jointe à la connaissance de l'exercice, qui constitue le guerrier modèle. Il faut choisir des jeunes gens, comme l'indiquent ces paroles de Salluste : « Aussitôt que la
» jeunesse paraissait apte à la guerre, on se hâ-
» tait de la soumettre à l'apprentissage laborieux
» des armes. » Il vaut mieux qu'un jeune cons-

crit allègue le défaut de maturité pour le combat, que de regretter ses années perdues ; il aura du moins le temps de tout apprendre. Ce n'est pas peu de chose, en effet, que l'étude des armes ; quand il s'agit d'enseigner au cavalier ou au fantassin à se servir de l'arc; au soldat revêtu du bouclier, à exécuter chaque mouvement, chaque figure de l'escrime, sans s'écarter de son poste, sans troubler les rangs, à lancer le javelot avec précision et vigueur, creuser un fossé, planter convenablement les pieux, manier le bouclier et l'opposer obliquement aux traits, parer les coups avec adresse, les porter hardiment. Pour un conscrit formé de la sorte, se trouver en bataille contre des ennemis, n'importe lesquels, ne sera point un sujet d'épouvante, mais un plaisir.

CHAPITRE CINQUIÈME.

TAILLE DU CONSCRIT.

Je sais qu'on a toujours exigé dans le conscrit une haute taille : ainsi il fallait avoir six pieds, ou à la rigueur cinq pieds dix pouces pour entrer dans les cavaliers auxiliaires et dans les premières cohortes des légions. Mais alors le nombre des sujets était plus considérable, et la carrière des armes plus généralement suivie ; les emplois civils n'avaient pas encore absorbé la fleur de la jeunesse. Puisque la nécessité le veut, il faut donc moins envisager la taille que la force. Croyons-en, à cet égard, le témoignage d'Homère, qui dépeint Tydée petit de corps, mais puissant par les armes.

CHAPITRE SIXIÈME.

INDICES PHYSIQUES QUI CARACTÉRISENT LES MEILLEURS SUJETS.

L'organisateur du recrutement examinera avec attention le visage, les yeux, la conformation particulière des membres de ceux qui doivent devenir un jour des soldats. Car les indices du courage se révèlent, non-seulement chez l'homme, mais encore, à en croire les sommités de la science, dans le cheval et le chien ; le chantre de Mantoue prétend même qu'on les retrouve jusque dans les abeilles :

« Aisément on connaît le plus vaillant des deux :
» De sa tunique d'or l'un éblouit les yeux ;

» L'autre, à regret montrant sa figure hideuse,
» Traîne d'un ventre épais la marche paresseuse (1).

Que le jeune homme, destiné aux travaux de Mars, ait l'œil éveillé, la tête droite, la poitrine large, les épaules musculeuses, les bras nerveux, les doigts allongés, peu de ventre, les jambes minces, les jarrets et les pieds non chargés de chair, mais solidement unis par les cartilages. Si vous rencontrez ces caractères chez un conscrit, ne vous inquiétez pas de la taille : la force dans le soldat vaut mieux qu'une haute stature.

CHAPITRE SEPTIÈME.

PROFESSIONS EN HARMONIE OU EN DÉSACCORD AVEC LE MÉTIER DES ARMES.

Examinons à présent quelles sont les professions qui permettent ou qui interdisent formellement l'admission du soldat. Les pêcheurs, les oiseleurs, les pâtissiers, les tisserands, et tous ceux en général dont l'occupation a quelque analogie avec celle des femmes, doivent, selon moi, être bannis des camps. Les ouvriers qui travaillent

---

(1) DELILLE. *Géorgiques*, IV.

le fer, les charrons, les Louchers, les chasseurs à la bête fauve sont dignes d'être enrôlés. Il importe essentiellement au salut de l'Empire que, dans le choix des recrues, on envisage la supériorité physique et morale des sujets : de cette opération préliminaire dépendent l'éclat du trône et l'affermissement du nom romain. Et qu'on ne s'imagine point que l'organisation des levées soit un vain emploi, qui puisse être donné indifféremment au premier venu! chez les anciens, parmi tant de qualités diverses, qui distinguèrent Sertorius, on vantait surtout ses talents à cet égard. La jeunesse à qui l'on veut confier la garde des provinces et qui affrontera les hasards de la guerre, doit exceller sous le rapport moral, et autant que possible, sous le rapport physique. C'est le sentiment de l'honneur qui constitue le vrai soldat; tant que la honte l'empêche de fuir, elle lui facilite la victoire. A quoi sert, je le demande, d'exercer un lâche, qui n'aura d'autre mérite que de passer plusieurs années dans les camps? Une armée, dont le recrutement a été défectueux, n'a jamais rien fait qui vaille. Et, en interrogeant les leçons de l'expérience, si nous avons essuyé tant de désastres à la fois, c'est qu'une longue paix avait occasionné l'inattention et la négligence dans les enrôlements; c'est que le meilleur de la nation s'adonnait aux fonctions civiles; c'est que les conscrits étant mis en réquisition chez les propriétaires, un système de faveur et de partialité de la part des examinateurs ne recrutait l'armée que des sujets dont le maître se souciait le moins. Il est donc à propos que des personnages éminents choisissent eux-mêmes avec beaucoup de soin des jeunes gens capables.

CHAPITRE HUITIÈME.

MARQUE DISTINCTIVE DONNÉE AU CONSCRIT.

On ne soumettra pas immédiatement le conscrit à la marque du pointillage; on lui fera subir auparavant les épreuves de l'exercice, pour s'assurer si réellement il est propre à d'aussi grands travaux. On exigera de lui l'agilité, la force, l'intelligence des armes, l'aplomb militaire. Plusieurs, qui de prime abord ne semblent pas à dédaigner, sont taxés, à l'essai, d'incapacité. Laissant donc de côté les moins aptes, on les remplacera par de plus habiles; car, à la guerre, la valeur fait plus que le nombre. Aussitôt que les conscrits auront obtenu la marque distinctive, on leur démontrera les armes par des exercices de tous les jours. Dans l'incurie d'un loisir prolongé cet usage s'est perdu. Or, comment enseigner ce qu'on n'a point appris soi-même? Nous sommes donc réduits à étudier les anciennes coutumes dans les historiens et dans les traités spéciaux. Et encore les écrivains militaires, envisageant les faits d'après leur ensemble et leurs résultats, ont-ils omis, comme connus du lecteur, les détails qui font l'objet de nos recherches. Il est vrai que les Lacédémoniens, les Athéniens et d'autres Grecs ont composé plusieurs volumes sur ce qu'on nomme la *Tactique*. Mais ce qu'il nous importe de connaître, c'est l'art militaire du peuple romain qui, des frontières les plus circonscrites, a étendu son empire jusqu'aux pays où naît le soleil, presque aux confins du monde. Pour cela, après avoir parcouru les différents auteurs, j'ai dû reproduire fidèlement dans cet opuscule le Traité de la Guerre de Caton le Censeur, les ouvrages de Cornélius Celsus et de Frontin, ceux de Paternus, habile interprète du code militaire, les sages règlements d'Auguste, de Trajan, d'Adrien. Je n'assume aucune responsabilité : j'emprunte aux personnages, que je viens de citer, leurs préceptes épars, et je ne fais que coordonner ces fragments.

CHAPITRE NEUVIÈME.

PAS MILITAIRE, COURSE, SAUT.

Au début des exercices vient l'apprentissage du pas militaire. Rien de plus important, en route ou en bataille, que de faire observer à tous les soldats une marche uniforme. Le seul moyen d'atteindre ce résultat, c'est de les habituer assidûment à des promenades où la vitesse sera jointe à la régularité. Une armée divisée et sans ordre s'expose toujours à de grands risques de la part de l'ennemi. Au pas militaire, on fera vingt milles en cinq heures, dans la saison d'été ; mais au pas allongé, qui est plus rapide, la distance à parcourir, dans le même espace de temps, sera de vingt-quatre milles. Tout ce qui dépasse ces limites se rapporte à la course dont on ne peut préciser les bornes. La course doit être l'objet d'un exercice spécial pour les jeunes gens: elle les mettra à même de charger l'ennemi avec plus de vigueur; d'occuper vite, en cas de besoin, des positions avantageuses ; de s'en emparer les premiers, si l'ennemi tente de le faire; de pousser une reconnaissance avec promptitude, le revenir plus promptement encore; de faire aisément main basse sur les fuyards. On exercera aussi le soldat à franchir, en sautant, soit des fossés, soit des obstacles en hauteur, afin que s'il rencontre de semblables difficultés il puisse les surmonter sans peine. Il en résulte un autre avantage: en bataille, lorsqu'on est à la portée du trait, le combattant, qui accourt en bondissant sur son adversaire, l'éblouit, le déconcerte et le frappe sans qu'il ait le temps de se reconnaître ou bien de se mettre en garde. Voici ce que dit Salluste en parlant du grand Pompée: « Il » devançait les lestes au saut, les agiles à la » course, les forts à la massue. » Comment, en effet, aurait-il pu tenir tête à Sertorius, s'il n'eût d'avance, par des exercices fréquents, préparé ses soldats et lui-même aux combats?

CHAPITRE DIXIÈME.

NATATION.

Tous les conscrits doivent indistinctement, pendant la saison d'été, apprendre la natation. On ne traverse pas toujours les rivières sur des ponts ; et il arrive fréquemment qu'une armée, en retraite ou à la poursuite, est obligée de se jeter à la nage. Souvent les pluies et la fonte des neiges produisent un débordement subit des cours d'eau: dans ce cas, l'ignorance se trouve doublement compromise et par l'ennemi et par les eaux. Aussi les anciens Romains, que tant de guerres et de périls successifs avaient initiés à toutes les exigences de l'art militaire, choisirent le champ de Mars sur les bords du Tibre, afin que la jeunesse, après l'exercice des armes, se lavât de la sueur et de la poussière, et se délassât des fatigues de la course dans le travail de la natation. Il est bon de soumettre à cet exercice, indépendamment des fantassins, les cavaliers et leurs chevaux, et même les valets, autrement dits galéaires, pour que l'inexpérience ne suscite rien de fâcheux en cas de nécessité.

CHAPITRE ONZIÈME.

EXERCICE DE LA QUINTAINE USITÉ CHEZ LES ANCIENS.

Les anciens, d'après le témoignage des livres dressèrent les conscrits au genre d'exercice suivant : ils leur mettaient entre les mains des claies d'osier, arrondies en forme de bouclier, mais d'une pesanteur qui valait deux fois le bouclier ordinaire, puis au lieu de glaive, un bâton d'un poids également double. Ainsi équipés, on les exerçait, matin et soir, à la quintaine. L'habitude de la quintaine est d'un grand secours pour le soldat et pour le gladiateur : de tous ceux qui, sur l'arène ou en rase campagne, se sont fait un renom, il n'en est pas un seul qui ne se soit adonné à cet exercice. Chaque conscrit fixait en terre son poteau de manière à ce qu'il se tînt ferme, et qu'il eût six pieds d'élévation. Vis-à-vis de ce poteau, comme en face d'un adversaire, il escrimait du bâton et de la claie, en guise de glaive et de bouclier. Tantôt il simulait des coups sur la tête et sur le visage ; tantôt il menaçait les flancs ; quelquefois il essayait de briser les jambes et les genoux ; tour à tour s'approchant, s'éloignant, revenant à la charge avec des bonds vigoureux, il déployait devant cette quintaine, comme autour d'un adversaire réel, toute son impétuosité, toute sa puissance d'action. Durant ces épreuves, on recommandait au conscrit d'avoir soin, en portant les coups, de s'effacer suffisamment pour n'être pas atteint.

CHAPITRE DOUZIÈME.

SUPÉRIORITÉ DE LA POINTE SUR LE TAILLANT.

On apprenait aussi à frapper non du taillant mais de la pointe. Les partisans du taillant ont fourni aux Romains avec une conquête aisée un sujet de dérision. Le taillant, quelle que soit la force qu'on lui imprime, tue rarement; les organes essentiels étant préservés par les armes et par la charpente osseuse. La pointe, au contraire, enfoncée à deux pouces, est mortelle : tout ce qui plonge dans l'intérieur pénètre nécessairement les parties vitales. Puis lorsqu'on se sert du taillant, le bras droit et le flanc restent découverts; la pointe, en maintenant le corps à l'abri, blesse l'adversaire sans qu'il s'en aperçoive. C'est pourquoi on a vu les Romains adopter de préférence ce genre d'escrime. Quant aux poids double assigné à la claie et au bâton, c'est afin que le conscrit, en reprenant ses véritables armes, beaucoup plus légères, se sentît comme débarrassé d'une charge pesante, et marchât au combat leste et confiant.

CHAPITRE TREIZIÈME.

ESCRIME.

Ensuite on façonnera le conscrit à l'exercice de l'escrime qu'enseignent les maîtres d'armes. Cet usage s'est conservé du moins en partie. Il est reconnu, aujourd'hui encore, que les soldats au fait de l'escrime, se battent généralement mieux que les autres. Une preuve évidente des avantages de cet exercice, c'est la grande supériorité que celui qui connaît un peu l'escrime obtient sur tous ses compagnons. Nos pères introduisirent à cet égard une discipline sévère. Si le maître d'armes touchait, à titre de gratification, une ration double, le soldat, dont les progrès n'étaient point satisfaisants, était condamné à recevoir de l'orge au lieu de blé, et sa ration de froment ne lui était rendue que du jour où, en présence du préfet de légion, des tribuns et des centurions principaux, il montrait, dans une série d'épreuves, qu'il était en état de répondre à toutes les exigences du métier. L'appui le plus ferme d'un État, ses éléments de gloire et d'orgueil consistent à posséder un grand nombre de soldats instruits. Ce ne sont pas les costumes resplendissants d'or, d'argent, de pierreries, qui nous concilient le respect ou le suffrage des ennemis; c'est la terreur des armes qui seule les subjugue. Du reste, en d'autres circonstances, comme l'a dit Caton, si une méprise a eu lieu, on peut y remédier avec le temps; à la guerre, les fautes n'admettent aucune réparation; le châtiment suit immédiatement l'erreur. De deux choses l'une : ou ceux qui ont combattu avec mollesse et inhabilité succombent sur-le-champ; ou bien mis en déroute, ils n'osent plus se mesurer avec le vainqueur.

CHAPITRE QUATORZIÈME.

JAVELOT.

Je reviens à mon sujet. Après l'exercice du bâton vis-à-vis d'un poteau, le conscrit s'étudiera à lancer contre ce but, qui lui représente un homme, des traits plus pesants que le javelot ordinaire. Le devoir du maître d'armes est de veiller à ce que le trait soit brandi avec beaucoup de vigueur, et à ce qu'il arrive droit à sa destination sur le poteau, ou du moins sans trop s'en écarter. Cet exercice accroît la force des bras et développe l'adresse dans le maniement du javelot.

CHAPITRE QUINZIÈME.

ARC.

Le tiers environ ou le quart des jeunes gens, reconnus les plus capables, doivent être exercés devant ces mêmes poteaux, avec des arcs et des flèches usitées dans les jeux. On choisira, à cet effet, des maîtres habiles qui leur recommanderont soigneusement de bien tenir l'arc, de le bander fortement, la main gauche restant fixe et la droite agissant avec méthode, de diriger simultanément vers l'objet en vue l'œil et la pensée, afin de pouvoir, soit à pied, soit à cheval, envoyer la flèche droit au but. Il faut pour acquérir cet art beaucoup d'attention, et pour n'en point perdre l'habitude une pratique de tous les jours. Quant aux services que de bons archers peuvent rendre en bataille, Caton, dans son Traité de la Guerre, les fait ressortir clairement; et l'on sait que Claudius, à l'aide d'une troupe de ce genre savamment formée, mit en déroute un ennemi qui lui avait été d'abord supérieur. Scipion l'Africain, sur le point de livrer bataille aux Numantins, qui avaient fait passer sous le joug une armée romaine, n'imagina rien de mieux, pour s'assurer le succès, que de distribuer des archers d'élite dans chaque centurie.

CHAPITRE SEIZIÈME.

FRONDE.

Il est bon aussi d'habituer les recrues à lancer des pierres avec la main ou avec la fronde. Les habitants des îles Baléares passent pour avoir connu les premiers l'usage de la fronde : ils cultivèrent cet exercice avec tant de soin que les mères, dit-on, ne laissaient toucher à leurs enfants mâles aucun aliment, qu'ils ne l'eussent atteint d'un coup de pierre, au moyen de la fronde. Contre le casque, la cuirasse et les cataphractes, une pierre d'un certain calibre, lancée par la fronde ou le fustibale, fait plus de mal qu'une nuée de flèches ; la blessure qui en résulte, sans déchirer les chairs, est néanmoins mortelle ; l'ennemi frappé succombe sans perdre une goutte de sang. Personne n'ignore que les frondeurs ont combattu dans toutes les guerres de l'antiquité. Tous les conscrits en général doivent donc être familiarisés avec ce genre d'exercice, d'autant plus que la fronde n'est point embarrassante à porter. D'ailleurs, il arrive quelquefois qu'un engagement a lieu sur un terrain pierreux; qu'il s'agit de défendre une montagne ou une colline, d'assiéger une forteresse ou une ville : toutes choses où la pierre et la fronde servent à repousser les Barbares.

CHAPITRE DIX-SEPTIÈME.

BALLES DE PLOMB.

L'exercice des balles de plomb entre encore dans l'éducation des recrues. Deux légions cantonnées en Illyrie, fortes de six mille hommes chacune, obtinrent jadis une si grande réputation dans l'emploi de cette arme qu'on surnomma leurs soldats *les Tireurs de Mars*. Ils se signalèrent, pendant de longues années, par de brillants exploits, et, pour prix de leur bravoure, Dioclétien et Maximien, devenus maîtres de l'Empire, changèrent la qualification de Tireurs de Mars en celle de Joviens et d'Herculiens, proclamant ainsi leur supériorité sur toutes les légions. Les balles de plomb, au nombre de cinq, adhèrent au bouclier. Le soldat, habile à les lancer, a l'avantage d'une arme défensive que ne possède pas l'archer, et comme celui-ci, il blesse chevaux et cavaliers, sans attendre qu'on en vienne aux mains, sans être même à portée de trait.

CHAPITRE DIX-HUITIÈME.

ÉQUITATION.

L'exercice du cheval a toujours été l'objet d'une étude particulière non-seulement aux conscrits mais encore aux vieux soldats. On sait que cet usage s'est conservé jusqu'à présent, bien qu'on commence à le négliger. Des chevaux de bois étaient disposés, l'hiver, sous un abri; l'été en plein champ; on obligeait les jeunes conscrits à les monter d'abord sans armes, pour en prendre l'habitude, puis armés. Il fallait qu'ils fussent en état de sauter, à droite et à gauche, de bas en haut et de haut en bas, en tenant d'une main la pique ou le glaive nu. Grâce à ces leçons assidues, ils retrouvaient, au milieu du désordre de la bataille, la rapidité d'action acquise dans les loisirs de la paix.

CHAPITRE DIX-NEUVIÈME.

CHARGE DU SOLDAT.

Porter à dos un poids d'environ soixante livres, en marchant au pas militaire, doit être l'exercice fréquent du conscrit qui, dans des expéditions pénibles, sera tenu de se charger à la fois de ses vivres et de ses armes. Ne croyons pas que ce soit là une chose difficile avec un peu d'usage; car l'habitude rend tout infiniment aisé. Jadis nos soldats le faisaient communément : Virgile lui-même nous l'apprend dans ces vers :

« Telle de nos Romains une troupe vaillante
» Marche d'un pas léger sous sa charge pesante,
» Et traversant les eaux, franchissant les sillons,
» Court devant l'ennemi planter ses pavillons (1). »

CHAPITRE VINGTIÈME.

ARMES EN USAGE CHEZ LES ANCIENS.

C'est ici le lieu d'exposer quelles doivent être les armes offensives et défensives du conscrit. L'usage ancien à cet égard a disparu complé-

(1) DELILLE. *Géorgiques, III.*

tement. Si, à l'exemple des Goths, des Alains et des Huns, l'équipement du cavalier a été perfectionné, l'on sait que le fantassin est totalement dépourvu de moyens de défense. A dater de la fondation de Rome jusqu'à l'époque de l'empereur Gratien, l'infanterie eut le casque et les cataphractes. Mais depuis qu'une insouciante paresse a fait cesser les manœuvres du terrain, ces armes ont commencé à paraître pesantes, et le soldat ne les a revêtues que rarement. On sollicita auprès de l'Empereur la réforme des cataphractes d'abord, puis celle des casques. Dès lors, nos soldats, la poitrine et la tête découvertes, furent écrasés plus d'une fois, dans les guerres des Goths, par la multitude de leurs archers ; et malgré tant de désastres qui occasionnèrent la ruine de villes très-importantes, il n'est venu à l'idée de personne de rendre à l'infanterie ses armes de défense. Il en résulte que le soldat qui se voit en butte aux coups, sans que rien ne le garantisse, songe moins à se battre qu'à fuir. Qu'attendre, en effet, de l'archer à pied, sans cataphractes, sans casque, dans l'impossibilité de tenir en même temps l'arc et le bouclier ? Qu'attendre aussi du porte-enseigne ou du draconaire réduit, un jour de bataille, à manier leur lance de la main gauche, la tête et la poitrine absolument nues? Si la cuirasse, si le casque même semblent lourds au fantassin, c'est qu'il essaie trop peu ces armes, c'est qu'il ne les touche presque jamais. Une pratique journalière finit par supprimer la fatigue des charges les plus incommodes. Or, pour n'avoir point voulu subir le fardeau des anciennes armures, on devient naturellement la proie des blessures et de la mort; et, ce qui est plus regrettable et plus déshonorant, de deux choses l'une : ou l'on est fait prisonnier, ou l'on compromet, en fuyant, le salut de l'État. Ainsi donc, pour avoir évité le travail de l'exercice, on risque d'être égorgé comme un vil troupeau. D'où vient que l'infanterie, chez les anciens, était réputée une muraille, sinon de l'éclat que présentait une légion en colonne, où les casques et les cataphractes se mêlaient aux boucliers? Bien plus : les archers portaient à gauche le brassard, et les fantassins armés du bouclier, outre les cataphractes et le casque, étaient encore obligés de revêtir la jambe gauche d'une armure d'airain. Voilà quel était l'équipement de ceux qui, d'après l'ordre de bataille, s'appelaient au premier rang les Princes, au second les Hastaires, au troisième les Triaires. Les triaires se tenaient ordinairement à genoux derrière leurs boucliers, pour éviter les coups qui, debout, les eussent atteints; en cas de besoin, ils faisaient contre l'ennemi une charge d'autant plus vigoureuse qu'ils étaient plus dispos, et souvent on les a vus décider la victoire, quand les hastaires et les princes avaient succombé. Il y avait également dans l'infanterie d'autrefois, des troupes dites armées à la légère, composées de frondeurs et de dardeurs; leur position principale était sur les flancs, c'étaient eux qui entamaient l'action; on choisissait pour cela les hommes les plus agiles et les mieux exercés. Une partie d'entr'eux se repliant, si les vicissitudes du combat le voulaient, trouvaient un refuge derrière la première ligne, sans déranger l'ensemble du corps de bataille. La coutume a prévalu presque jusqu'à l'époque actuelle de faire adopter à toute l'armée un bonnet de peau, surnommé *le Pannonien*, en raison du pays qui en fournit la matière. Cette mesure, en obligeant le soldat à avoir la tête constamment chargée, avait pour objet de lui faire trouver le casque moins gênant un jour de bataille. Au nombre des traits en usage dans l'infanterie, le javelot consistait en une pointe de fer triangulaire, de neuf pouces ou d'un pied, adaptée à une hampe; enfoncé dans le bouclier, il ne pouvait en être arraché; dirigé avec intelligence et vigueur contre la cuirasse, il la pénétrait aisément. Cette arme commence à devenir rare parmi nous. Chez les Barbares, les troupes à pied qui ont le bouclier, se servent beaucoup d'un javelot qu'ils nomment *Bébra*; chaque combattant en porte deux et même trois. Il est à propos de savoir que si l'on se bat aux traits, le soldat doit mettre le pied gauche en avant, pour imprimer au dard une plus grande force de projection; mais lorsqu'on en vient à l'arme blanche, pour employer le terme usuel, et que l'on combat dans la mêlée avec le glaive, le soldat alors doit avoir le pied droit en avant afin de dérober le flanc à l'ennemi et de rapprocher le bras droit qui portera les coups. Il faut donc donner aux conscrits les différentes armes de défense et d'attaque que l'art militaire a imaginées jadis. On redouble nécessairement d'audace sur le champ de bataille quand la tête et la poitrine à l'abri défient impunément les coups.

CHAPITRE VINGT-ET-UNIÈME.

UTILITÉ DE LA FORTIFICATION DES CAMPS.

Le conscrit connaîtra encore la fortification des camps. C'est une étude très-précieuse et de première nécessité à la guerre, car un camp régulièrement construit est comme une forteresse mobile qui suit partout le soldat, et dans l'intérieur de laquelle il demeure, nuit et jour, sans crainte, lors même que l'ennemi l'investirait. Mais ce qui concerne cet art s'est tout-à-fait perdu : depuis longtemps déjà personne ne s'avise, en fait de campements, de creuser des tranchées, ni de planter des pieux. Aussi a-t-on vu souvent plusieurs armées mises en déroute par un essaim de cavaliers barbares fondant sur elles à l'improviste, le jour ou la nuit. Les inconvénients qui résultent de l'absence d'un camp ne se bornent pas là. En bataille rangée, si des revers forcent à battre en retraite, ceux qui n'ont pas de retranchements pour les recevoir périssent sans représailles, à l'instar de la brute ; leur massacre ne cesse que quand l'ennemi veut bien renoncer à les poursuivre.

CHAPITRE VINGT-DEUXIÈME.

ASSIETTE D'UN CAMP.

Un camp, surtout lorsque l'ennemi est proche, doit toujours être assis dans un lieu sûr, où l'on puisse avoir sous la main en abondance l'eau, le fourrage et le bois. Dans le cas d'un long séjour, il faut envisager la salubrité de l'endroit. On évitera le voisinage des hauteurs qui, plus tard occupées par l'ennemi, pourraient nuire. On examinera si la plaine n'est point sujette à des inondations qui compromettraient l'armée. La quantité de soldats et de bagages servira de base à la dimension du camp : ainsi, une multitude considérable ne sera point entassée dans un étroit espace, ni une poignée d'hommes obligée de s'étendre sur une surface disproportionnée.

CHAPITRE VINGT-TROISIÈME.

TRACÉ D'UN CAMP.

Un camp aura une forme tantôt carrée, tantôt triangulaire, tantôt en demi-cercle, suivant les circonstances ou la nature des lieux. La porte, dite prétorienne, doit être tournée du côté de l'Orient ou vis-à-vis des positions de l'ennemi; si l'on est en marche, elle sera placée en face du point de départ de l'armée; c'est là que les premières centuries des cohortes dressent leurs pavillons et plantent les drapeaux et les enseignes. La porte, dite décumane, est située derrière le prétoire; elle sert de passage aux soldats délinquants condamnés à subir une peine.

CHAPITRE VINGT-QUATRIÈME.

MODES DE FORTIFICATION D'UN CAMP.

On connaît trois manières différentes de fortifier un camp. S'il n'y a pas de danger à craindre, on coupe sur toute la circonférence des mottes de terre gazonnées, dont on forme une espèce de mur, haut de trois pieds au-dessus du sol, en ayant soin que le fossé, d'où l'on extrait les gazons, soit à l'extérieur en avant; puis on ouvre une tranchée passagère de neufs pieds de large sur sept d'élévation. Mais quand l'ennemi se montre menaçant, il est à propos de garnir l'enceinte du camp d'un fossé régulier, qui ait en largeur douze pieds et neuf au-dessous de la surface du terrain. On rejette la terre de l'excavation sur des lits de fascines croisées ; ce qui donne quatre pieds de plus en hauteur : de la sorte la profondeur est de treize pieds, la largeur de douze. Au-dessus de toute la circonférence, on plante des pieux d'un bois très-fort que le soldat porte habituellement sur lui. Pour ce travail il importe d'avoir toujours sous la main hoyaux, bêches, paniers et autres objets nécessaires.

CHAPITRE VINGT-CINQUIÈME.

RETRANCHEMENT D'UN CAMP DEVANT L'ENNEMI.

C'est chose facile que de retrancher un camp en l'absence de l'ennemi. Mais s'il accourt avec des démonstrations hostiles, la cavalerie entière et la moitié de l'infanterie doivent se ranger en bataille pour repousser l'attaque, tandis que le reste de l'armée, en arrière, creusera des tranchées et élèvera des fortifications. Le hérault d'armes indique la tâche de la première centurie, celle de la seconde, de la troisième, jusqu'à l'achèvement complet des travaux. Ensuite les centurions visitent la tranchée et la mesurent; ceux qu'ils reconnaissent coupables de négligence sont punis. Il est bon d'apprendre ces détails au conscrit, afin qu'il puisse, au besoin, construire des retranchements avec sang-froid, promptitude et précaution.

CHAPITRE VINGT-SIXIÈME.

ÉVOLUTIONS DE LIGNE.

Il est rigoureusement nécessaire à la guerre d'habituer les soldats, par des exercices continuels, à garder en ligne l'ordre des rangs, pour qu'ils n'aillent pas se pelotonner, ni s'étendre en sens inverse du besoin. Resserrés, ils n'ont plus l'espace nécessaire pour combattre et s'embarrassent mutuellement; tandis qu'épars et clairsemés, ils ouvrent passage aux tentatives de l'ennemi. Or, l'épouvante amène bientôt une confusion générale, lorsqu'une armée coupée en deux se trouve prise par derrière. On aura donc soin de conduire fréquemment les recrues au terrain de manœuvre, de les disposer en bataille selon l'ordre matricule, en les allongeant d'abord sur une seule ligne, exempte de sinuosité et de courbure ; chaque soldat distant l'un de l'autre à des intervalles égaux et réguliers. On leur prescrira ensuite de doubler tout d'un coup les rangs, de manière à conserver, en pleine attaque, l'ordre qui leur est habituel. En troisième lieu, on leur fera former brusquement le carré, puis le triangle, autrement dire le coin ; manœuvre presque toujours décisive à la guerre. On leur fera aussi former le cercle, disposition qui, dans le cas où l'ennemi aurait fait une trouée à travers les lignes, permet à une poignée d'hommes exercés de lui tenir tête, d'empêcher la déroute de l'armée entière et de prévenir ainsi de funestes résultats. Grâce à des leçons assidues, les jeunes conscrits parviendront à exécuter aisément ces mouvements divers sur le théâtre même du combat.

CHAPITRE VINGT-SEPTIÈME.

PROMENADE MILITAIRE.

Une vieille coutume, sanctionnée par les décrets des empereurs Auguste et Adrien, a voulu que, trois fois par mois, cavaliers et fantassins fussent dressés à la promenade : c'est le terme qui désigne ce genre d'exercice. Les fantassins, avec armes et bagages, avaient ordre de parcourir, au pas militaire, une distance de dix milles, et de revenir au camp, en ayant soin de faire, à pleine course, une partie du chemin. Les cavaliers, divisés par escadrons et en armes, exécutaient le même trajet, avec cette différence que, dans leurs manœuvres d'équitation, ils se mettaient tantôt à la poursuite, tantôt en retraite, puis revenaient à la charge avec une nouvelle impétuosité. Ces deux armes n'agissaient pas seulement en plaine ; il leur fallait encore gravir et descendre des pentes escarpées, afin qu'aucun accident de terrain, aucun obstacle de quelque nature qu'il fût, ne vînt surprendre, au moment du combat, des hommes familiarisés d'avance avec tout ce qui constitue d'excellents soldats.

CHAPITRE VINGT-HUITIÈME.

AVANTAGES DE LA PRATIQUE DES ARMES.

C'est avec le zèle du dévouement, invincible Empereur, que j'ai parcouru tous les écrivains militaires, pour réunir dans cet opuscule les préceptes relatifs au choix et à l'exercice des recrues, préceptes dont une application consciencieuse peut faire revivre dans l'armée les merveilles de l'antique bravoure. Non, la chaleur martiale n'a point dégénéré chez les hommes ; non, elle n'est point épuisée la terre qui a donné naissance aux Lacédémoniens, aux Athéniens, aux Marses, aux Samnites, aux Péligniens, ni même celle qui a engendré les Romains ! N'a-t-on pas vu les Épirotes briller longtemps de l'éclat des armes ? les Macédoniens et les Thessaliens, vainqueurs des Perses, porter la guerre jusque dans l'Inde ? Le Dace, le Mèse, le Thrace ont eu de tout temps une telle renommée guerrière, que les traditions de la Fable fixent chez eux le berceau de Mars. Il serait superflu de vouloir énumérer les talents militaires des diverses provinces, puisqu'elles sont toutes comprises sous la domination romaine. Mais le calme d'une longue paix a dirigé les uns vers les charmes du loisir, les autres vers les emplois civils. C'est ainsi que la pratique des exercices militaires, d'abord négligée, puis abandonnée, a fini par tomber un jour dans l'oubli. Cette situation, qui date du siècle dernier, n'a rien d'étonnant, si l'on songe qu'après la première guerre punique, une paix de vingt ans et plus, en supprimant l'habitude des armes, plongea dans un tel affaiblissement ces Romains, partout victorieux, qu'ils furent incapables, à la seconde guerre punique, de tenir tête à Annibal. Après tant de consuls, de généraux, d'armées sacrifiées, ils ne parvinrent à ressaisir la victoire, qu'en possédant parfaitement la connaissance des exercices militaires. Ainsi donc, choisissons et instruisons sans cesse des jeunes gens; d'ailleurs il est plus économique d'enseigner les armes aux siens que d'enrôler des étrangers à prix d'argent.

SOMMAIRE DU LIVRE DEUXIÈME.

I. Eléments de l'organisation militaire.
II. Différence du corps auxiliaire et de la légion.
III. Causes de la décadence de la légion.
IV. Chiffre des légions mises anciennement sur le pied de guerre.
V. Organisation de la légion.
VI. Nombre des cohortes dans la légion; nombre des soldats dans chaque cohorte.
VII. Emplois militaires.
VIII. Grades autrefois en vigueur.
IX. Attributions du préfet de légion.
X. Attributions du préfet de camp.
XI. Attributions du préfet des ouvriers.
XII. Attributions du tribun des soldats.
XIII. Centuries et enseignes.
XIV. Escadrons légionnaires.
XV. Ordonnance de la légion en bataille.
XVI. Equipement des triaires et des centurions.
XVII. Attitude immobile de l'infanterie de ligne en bataille.

XVIII. Inscription du nom et du grade de chaque soldat sur le devant du bouclier.
XIX. Aux avantages physiques le conscrit joindra la connaissance de l'écriture et du calcul.
XX. La moitié du don militaire mise en séquestre sous le drapeau.
XXI. L'avancement des légionnaires exige qu'ils passent graduellement dans chaque cohorte.
XXII. Significations respectives de la trompette, du clairon et de la trompe.
XXIII. Récapitulation des exercices militaires.
XXIV. Mobiles de l'application à la science des armes.
XXV. Enumération du matériel de guerre de la légion.

VÉGÈCE

TRAITÉ DE L'ART MILITAIRE

LIVRE DEUXIÈME.

AVANT-PROPOS.

A L'EMPEREUR VALENTINIEN II.

Une série de victoires et de triomphes continuels atteste que Votre Clémence a su conserver, avec autant d'exactitude que d'habileté, les principes de nos ancêtres sur l'art militaire ; car la meilleure preuve de l'heureuse application d'un art est toujours dans le résultat qu'on obtient. Mais votre haute sagesse, invincible Empereur, planant au-dessus des préoccupations étroites de l'humanité, souhaite les enseignements du passé, quoique ce passé lui-même s'efface devant l'éclat des événements contemporains. Aussi, quand Votre Majesté m'eût enjoint d'en faire un résumé succint, moins dans l'intention de les étudier que de les revoir, la bienséance et le dévouement luttèrent fortement en moi. Je le demande : parler de la théorie et de la pratique de la guerre au maître souverain du monde, au vainqueur de tous les peuples barbares, ne serait-ce pas le comble de l'audace, sans une autorisation formelle de sa part d'exécuter ce que lui-même eût accompli? D'un autre côté, ne point obtempérer aux ordres d'un si grand prince semblait un acte d'impiété répréhensible. Étrange situation ! j'affronte en obéissant le reproche de témérité, dans la crainte de paraître plus téméraire en refusant. Ce qui m'enhardit, ce sont les témoignages d'indulgence dont vous vous êtes plu à me favoriser. Naguère lorsque j'osai vous offrir, avec une humble déférence, un opuscule sur le choix et l'instruction des recrues, je n'ai point eu à regretter cette démarche. Je ne rougirai donc pas d'aborder un sujet qui m'est imposé, puisque celui que j'ai entrepris de mon chef a été exempt de blâme.

CHAPITRE PREMIER.

ÉLÉMENTS DE L'ORGANISATION MILITAIRE.

L'organisation militaire, comme l'indique au début de son poëme l'auteur par excellence des Latins, est un composé d'hommes et d'armes. Elle se divise en trois catégories : cavalerie, infanterie, marine. La dénomination de cavaliers flanqueurs vient de la position défensive qu'ils occupent aux deux extrémités de l'armée, dont ils sont, pour ainsi dire, les ailes ; on les désigne aujourd'hui sous le nom de vexillaires à cheval, emprunté aux flammes qui, comme autant de petites voiles, leur servent de drapeaux. Il existe une autre sorte de cavaliers, appelés légionnaires, parce qu'ils font partie intégrante de la légion ; c'est sur leur modèle qu'on a créé la grosse cavalerie. La flotte se subdivise également en deux sections : les gros navires et les bâtiments légers. Au cavalier convient la plaine, au marin la mer et les fleuves ; montagnes, villes, pays plats ou coupés, voilà le lot du fantassin. Il s'ensuit que l'arme la plus indispensable à l'État est celle de l'infanterie dont les services embrassent tout.

Son entretien d'ailleurs, quoique sur une échelle plus vaste, est proportionnellement moins dispendieux. L'armée doit sa désignation à un mot qui éveille l'idée d'exercice, son occupation constante, et l'oblige à ne jamais oublier sa destination. On distingue deux sortes d'infanterie : les corps auxiliaires et les légions. Les corps auxiliaires étaient fournis par les peuples alliés ou confédérés. Mais c'est dans la formation de la légion qu'éclate toute la puissance du génie romain. Légion provient du mot élire; ce terme recommande le zèle et le discernement à ceux qui président à l'admission des soldats. L'effectif des troupes auxiliaires est ordinairement inférieur à celui des légions.

CHAPITRE DEUXIÈME.

DIFFÉRENCE DU CORPS AUXILIAIRE ET DE LA LÉGION.

Les Macédoniens, les Grecs et les Troyens ont eu des phalanges dont chacune comptait huit mille hommes. Les Gaulois, les Celtibères et plusieurs nations barbares amenaient au combat des bandes de six mille hommes. Les Romains ont fait de tout temps la guerre avec des légions fortes de six mille soldats et quelquefois plus. Expliquons d'abord la différence qui existe entre le corps auxiliaire et la légion. Les auxiliaires, qu'on rassemble pour faire campagne, arrivent de divers pays, de différents corps ; entre eux nul lien qui les unisse, ni la discipline, ni les relations, ni la sympathie : autres sont leurs mœurs, autre est leur habitude des armes. Cette incompatibilité, qui se manifeste de prime-abord, n'est certainement pas un moyen d'arriver promptement à la victoire. Un puissant avantage, à la guerre, c'est de faire obéir tous les soldats à l'énoncé d'un seul commandement : or, on ne peut obtenir l'exécution simultanée des ordres de la part d'hommes qui n'ont pas été mis préalablement en contact. Toutefois, en les fortifiant presque journellement par des exercices variés et assidus, leur concours ne sera point à dédaigner. De tout temps, les auxiliaires ont servi aux légions de troupes légères, destinées à les appuyer en ligne, plutôt qu'à former un corps principal de réserve. La légion possédait dans ses cohortes tous les éléments désirables. L'infanterie de ligne y était représentée par les princes, les hastaires, les triaires, et ceux qui précèdent les enseignes ; l'infanterie légère par les dardeurs, les archers, les frondeurs et les arbalétriers; des cavaliers légionnaires, inscrits sur ses contrôles, lui étaient spécialement affectés. Camps retranchés, dispositions en bataille, manœuvres, elle accomplissait toutes les opérations de la guerre d'un commun accord, sous l'inspiration d'un même esprit; parfaite à tous égards, elle n'ambitionnait aucune assistance étrangère, et le nombre des ennemis à vaincre, quel qu'il fût, ne l'a jamais arrêtée. La preuve en est dans l'agrandissement de la puissance romaine qui, à l'aide de ses légions, a constamment terrassé autant d'ennemis qu'elle a voulu, ou que les circonstances l'ont permis.

CHAPITRE TROISIÈME.

CAUSES DE LA DÉCADENCE DE LA LÉGION.

La dénomination de la légion subsiste aujourd'hui encore dans l'armée, mais l'insouciance des dernières époques a brisé sa force, depuis que l'intrigue a accaparé les récompenses de la bravoure et que la faveur a disposé des promotions accordées jadis au mérite. Outre cela, les soldats, qui avaient obtenu leur congé, étaient renvoyés avec les certificats d'usage, sans qu'on pourvût à leur remplacement. Or, la maladie, la désertion, la mort amènent inévitablement des pertes, de sorte que si l'on n'a pas la précaution, chaque année, je dirai plus, presque chaque mois, de combler les vides par de nouvelles recrues, une armée, aussi nombreuse qu'elle soit finira par s'épuiser. Un autre motif encore a provoqué la décadence des légions. Les travaux de la guerre y sont considérables, les armes plus pesantes; le service y est plus long, la discipline plus sévère. Pour éviter ces inconvénients, on s'empresse généralement de s'enrôler dans les corps auxiliaires, où avec moins de fatigue les récompenses arrivent plus tôt. Caton l'Ancien, ce consul illustre qui conduisit tant de fois nos armées à la victoire, voulut doter la République de plus précieux avantages, en publiant un traité de la science militaire. Car les exploits n'ont qu'un temps, mais les écrits qui visent à l'intérêt de l'Etat sont éternels. Cet exemple a rencontré de nombreux imitateurs, et entre autres Frontin, dont l'empereur Trajan approuva les efforts. Je résumerai, de mon mieux, avec exactitude, leurs principes et leurs leçons. Que l'armée soit bien ou mal constituée, les dépenses qu'elle exige sont absolument les mêmes : il importe donc au siècle actuel et aux âges futurs, auguste Empereur, que Votre Majesté introduise dans les armes une plus puissante organisation, en remédiant aux abus tolérés par vos prédécesseurs.

CHAPITRE QUATRIÈME.

CHIFFRE DES LÉGIONS MISES ANCIENNEMENT SUR LE PIED DE GUERRE.

Tous les auteurs s'accordent à dire que devant l'ennemi, si nombreux qu'il fût, les consuls ne conduisirent jamais plus de deux légions à la fois, indépendamment des renforts auxiliaires. La supériorité de leurs manœuvres inspirait tant de confiance que ces deux légions étaient censées pouvoir suffire à toutes les éventualités d'une campagne. J'exposerai donc l'ancienne organisation de la légion, d'après les statuts et les règlements militaires. Si par hasard cette description paraît un peu obscure ou ingrate, ce n'est point à moi qu'il faudra s'en prendre, mais bien à l'aridité du sujet. A la faveur d'une lecture attentive et répétée, on parviendra à en saisir le sens de manière à ne point l'oublier. Un Etat devient nécessairement invincible, quand son chef, pénétré des principes de la guerre, façonne à son gré de vaillantes armées.

CHAPITRE CINQUIÈME.

ORGANISATION DE LA LÉGION.

Lorsqu'on a fait soigneusement un choix des jeunes conscrits les plus recommandables au physique et au moral, après quatre mois et plus d'exercices journaliers, on procède à la formation de la légion, avec l'autorisation et sous les puissants auspices du souverain. Une fois admis à recevoir la marque du tatouage, le soldat est inscrit sur les contrôles, et prête le serment militaire. Il jure au nom de Dieu, au nom du Christ, au nom de l'Esprit-Saint, au nom de la Majesté de l'Empereur, l'être le plus digne, après la Divinité des hommages et de l'affection du genre humain. Car du moment que l'Empereur a eu la consécration du titre d'Auguste, il représente l'image vivante de Dieu, et a droit d'exiger un dévouement sans bornes, une soumission de tous les instants. Citoyens et soldats obéissent à Dieu, en vouant une fidélité inviolable à celui qui tient son sceptre de Dieu même.

La teneur du serment oblige le soldat d'exécuter ponctuellement tout ce que lui commandera l'Empereur, de ne jamais abandonner son drapeau, et de ne point refuser de mourir pour le nom romain.

CHAPITRE SIXIÈME.

NOMBRE DES COHORTES DANS LA LÉGION; NOMBRE DES SOLDATS DANS CHAQUE COHORTE.

On saura d'abord qu'une légion se compose de dix cohortes, dont la première surpasse les autres sous le rapport de l'effectif et du mérite des soldats; elle n'admet que des hommes distingués par la naissance et l'éducation. C'est elle qui reçoit en dépôt l'Aigle, étendard adopté constamment dans l'armée romaine et commun à toute la légion; c'est elle qui rend un culte aux images des empereurs, emblèmes visibles de la divinité. Elle compte onze cent cinq fantassins et cent trente-deux cuirassiers à cheval, sous la dénomination de cohorte milliaire : tête de la légion, elle occupe en ligne le premier rang. La deuxième cohorte comprend cinq cent cinquante-cinq fantassins et soixante-six cavaliers, sous le nom de cohorte des cinq cents. La troisième se compose également de 555 fantassins et de 66 cavaliers ; comme c'est la cohorte du centre, on la recrute ordinairement des hommes les plus robustes. La quatrième contient 555 fantassins et 66 cavaliers. La cinquième en renferme autant ; mais elle exige des soldats éprouvés, parce que sa position sur le flanc gauche correspond à celle de la première cohorte sur le flanc droit. Ces cinq cohortes se rangent en première ligne. La sixième possède 555 fantassins et 66 cavaliers, que l'on choisit parmi l'élite de la jeunesse, parce que sa place, en seconde ligne, se trouve derrière l'Aigle et les images. La septième présente un pareil effectif ; la huitième aussi, avec cette différence que, placée au centre de la seconde ligne, il lui faut des hommes d'un courage reconnu. La neuvième a le même nombre ; la dixième également, mais sa position à l'extrême gauche de la seconde ligne veut de meilleurs soldats. Ces dix cohortes constituent l'ensemble de la légion, qui se compose de six mille cent fantassins et de sept cent vingt-six cavaliers. L'effectif d'une légion ne doit jamais être inférieur à ce nombre ; on l'a même augmenté quelquefois par un supplément de nouvelles cohortes milliaires.

CHAPITRE SEPTIÈME.

EMPLOIS MILITAIRES.

A la suite de cet exposé de l'ancienne organisation de la légion, je vais spécifier les grades militaires, ou, pour employer le terme propre, la composition des cadres, d'après la hiérarchie adoptée aujourd'hui sur les contrôles. Le Tribun en premier est nommé au choix de l'Empereur par un décret spécial. Le Tribun en second est redevable de son avancement à ses services. Tribun vient du mot tribu, parce que les soldats que commande cet officier furent levés, à partir de Romulus, dans chaque tribu. On appelle Ordinaires ceux qui, en bataille, sont à la tête des premiers rangs. Les Augustaux empruntent leur nom d'Auguste, qui les assimila aux Ordinaires; les Flaviaux furent créés par Vespasien, qui leur assigna dans les légions un rôle analogue à celui des Augustaux. Les Aquilifères portent l'Aigle; les Imaginaires les médaillons de l'Empereur. Les Options, ainsi nommés du mot opter, sont les coadjuteurs adoptifs des officiers qu'ils remplacent, en cas de maladie, dans l'exercice de leurs fonctions. Les Signifères, aujourd'hui Draconaires, portent les étendards. Les Tesséraires font circuler dans les chambrées la tessère : mot d'ordre du général enjoignant à l'armée soit un mouvement militaire, soit un travail quelconque. Les Instructeurs, qui marchent devant les enseignes, ont pour mission de développer sur le terrain l'enseignement pratique, qui est la vie d'une armée. Les Arpenteurs, détachés en avant, choisissent l'emplacement du camp. Les Bénéficiaires doivent leur promotion à la faveur des tribuns. Les Scribes tiennent la comptabilité des soldats. Les Trompettes, les Clairons et les Sonneurs de trompe donnent avec leurs instruments respectifs le signal du combat. Les manœuvriers à paye double, et ceux à paye simple touchent les uns deux rations, les autres une. Les Fourriers mesurent dans le camp l'espace réservé aux tentes, et préparent les logements dans les villes. Les Colliers à paye double, et ceux à une paye et demie portent, en récompense de leur bravoure, une décoration d'or massif, et ont droit à un surcroît proportionnel de rations. Les Candidats à double paye et ceux à paye entière ferment la série des emplois privilégiés. Les autres soldats sont compris sous la dénomination de corvéables, étant assujettis à toute espèce de corvées.

CHAPITRE HUITIÈME.

GRADES AUTREFOIS EN VIGUEUR.

On a conservé l'ancien usage d'élever au grade de centurion primipilaire le premier prince de la légion. Outre le commandement de l'Aigle, il avait sous ses ordres quatre centuries de la première ligne, au nombre de quatre cents soldats; placé, pour ainsi dire, à la tête de toute la légion, il jouissait des gratifications avantageuses affectées à cet emploi. Après lui, le premier hastaire, nommé aujourd'hui ducénaire, dirigeait en seconde ligne deux centuries ou deux cents hommes. Le premier de la première cohorte commandait une centurie et demie, soit cent cinquante hommes. Le premier triaire ne commandait que cent hommes. Les dix centuries de la première cohorte avaient donc pour officiers cinq ordinaires. Leurs fonctions jadis étaient si lucratives et si honorables que, dans la légion entière, on rivalisait d'efforts et de dévouement pour les obtenir. Il y avait encore les centurions, aujourd'hui appelés centeniers, qui commandaient chacun une centurie. Il y avait les dizainiers, connus actuellement sous le nom de chefs d'escouade, mis à la tête de dix hommes. La deuxième cohorte comptait cinq centurions; il en était de même de la troisième, de la quatrième jusqu'à la dixième inclusivement. Le nombre des centurions dans une légion s'élevait à cinquante-cinq.

CHAPITRE NEUVIÈME.

ATTRIBUTIONS DU PRÉFET DE LÉGION.

Les lieutenants que l'Empereur envoyait aux armées étaient d'anciens consuls, à qui les légions et tous les corps auxiliaires devaient obéissance, soit que la paix régnât ou que la guerre fût déclarée. On sait qu'ils sont remplacés aujourd'hui par des personnages éminents, qui, sous le nom de Maîtres de la milice, commandent deux légions et un nombre illimité d'auxiliaires. Le préfet de légion était le chef spécial de ce corps; investi du titre de comte de première classe, il représentait le lieutenant, et possédait, en son absence, les pouvoirs les plus étendus. Tribuns, centurions, soldats étaient sous sa dépendance. C'était lui qui donnait le mot d'ordre pour les gardes et le départ. Si un soldat avait commis un crime, le tribun ne l'envoyait au supplice qu'avec l'autorisation du préfet de légion. Armes, chevaux, habillements, vivres étaient soumis à sa surveillance. Chargé de faire respecter la discipline, il réglait les exercices de chaque jour imposés tant aux fantassins qu'aux cavaliers légionnaires. Gardien sévère de la légion confiée à sa vigilance, il travaillait sans relâche à développer en elle au plus haut degré un esprit de dévouement et d'application, sachant bien qu'un préfet emprunte toute sa gloire du mérite de ses subordonnés.

CHAPITRE DIXIÈME.

ATTRIBUTIONS DU PRÉFET DE CAMP.

Le préfet de camp, quoique dans un grade inférieur, n'avait pas un emploi sans importance. C'était lui qui était chargé d'asseoir le camp, de reconnaître les palissades et les tranchées, de fixer l'emplacement des tentes, des baraques et des bagages. A l'intendance des malades et des médecins, il joignait l'administration des dépenses. Chariots, bêtes de somme, outils destinés au sciage ou à la coupe des bois, à l'ouverture de la tranchée, au palissadement de l'enceinte et au creusement des puits; approvisionnements de bois et de paille; béliers, onagres, balistes et autres machines de guerre; tout ce matériel était commis à sa surveillance, avec injonction de le tenir toujours au complet. On accordait ce poste à l'officier que de longs services désignaient comme le plus habile, afin qu'il pût enseigner aux autres avec talent ce qu'il avait pratiqué lui-même avec succès.

CHAPITRE ONZIÈME.

ATTRIBUTIONS DU PRÉFET DES OUVRIERS.

Une légion renferme des ouvriers charpentiers, maçons, charrons, forgerons et autres, qui construisent des bâtiments pour les quartiers d'hiver, des machines, des tours en bois, en un mot tout ce qui contribue à l'attaque des places de l'ennemi et à la défense des nôtres, qui réparent ou fabriquent à neuf les armes, les chariots, le matériel de guerre. Elle avait encore autrefois des manufactures de boucliers, de cuirasses, d'arcs, où se confectionnaient flèches, javelots, casques et toutes sortes d'armes. On mettait le plus grand soin à ce que rien ne manquât dans le camp de tout ce qui pouvait servir aux besoins de l'armée; jusque-là que, d'après un usage emprunté aux Besses, il existait un corps de mineurs qui, en perçant les fondations des remparts, creusaient des galeries souterraines au moyen desquelles ils apparaissaient brusquement dans l'intérieur des villes assiégées. Le chef spécial de ces travailleurs était le préfet des ouvriers.

CHAPITRE DOUZIÈME.

ATTRIBUTIONS DU TRIBUN DES SOLDATS.

Nous avons dit qu'une légion se composait de dix cohortes, dont la première, surnommée cohorte milliaire, n'admettait que des hommes, recommandables sous le rapport de la fortune, de la naissance, de l'instruction, de l'extérieur du courage. Elle avait pour chef un tribun distingué par son savoir militaire, sa force physique, ses mœurs irréprochables. Le commandement des autres cohortes était donné, selon la volonté du prince, à des tribuns ou à des préposés. On attachait alors tant d'importance à la pratique des exercices militaires que tribuns et préposés ne se bornaient pas à faire manœuvrer chaque jour, sous leurs yeux, les soldats qui leur étaient confiés ; ils s'adonnaient eux-mêmes au maniement des armes dans lequel ils excellaient, provoquant ainsi l'émulation de tous par le stimulant de l'exemple. Ce qui fait honneur au mérite et au zèle du tribun, c'est de voir le soldat propre dans sa tenue, revêtu d'armes luisantes, rompu à l'exercice et à la discipline.

CHAPITRE TREIZIÈME.

CENTURIES ET ENSEIGNES.

L'étendard principal de toute la légion est l'aigle que porte l'aquilifère. Chaque cohorte a de plus son drapeau confié au draconaire. Les anciens, sachant qu'en bataille, sitôt que l'engagement a eu lieu, le désordre et la confusion se mettent dans les rangs, voulurent prévenir cet inconvénient, et pour cela ils partagèrent les cohortes en centuries, à chacune desquelles fut remise une enseigne spéciale. Une inscription, tracée sur cette enseigne, indiquait aux regards des soldats quelle était la cohorte et la centurie dont elle faisait partie, et les empêchait de s'écarter de leurs camarades, même au plus fort de la mêlée. En outre, les centurions, appelés aujourd'hui centeniers, portaient, à la cime et en travers du casque, des caractères qui les signalaient aux hommes de leur centurie. Toute erreur était donc impossible du moment que chaque compagnie de cent hommes avait pour signe de ralliement, outre son enseigne, la marque distinctive du centurion. Les centuries, à leur tour, furent subdivisées en escouades; ainsi, à la tête de dix hommes vivant sous le même pavillon, on plaça, à titre de commandant, un dizainier, que nous nommons chef d'escouade. L'escouade avait la dénomination de manipule, empruntée à l'usage qu'ont les soldats de combattre côte à côte, en se donnant pour ainsi dire la main.

CHAPITRE QUATORZIÈME.

ESCADRONS LÉGIONNAIRES.

De même que la centurie et le manipule sont propres à l'infanterie, l'escadron appartient à la cavalerie. Un escadron se compose de trente-deux cavaliers, dont le commandant se nomme décurion. A l'exemple de la centurie obéissant à un centurion et à une enseigne, l'escadron a un décurion et un drapeau qui lui sont spécialement affectés. Dans le choix du centurion, on envisagera la taille et la force. On exigera qu'il lance avec adresse et vigueur la javeline et le trait ; qu'il sache parfaitement se battre au glaive et manier le bouclier, qu'il connaisse à fond les principes de l'escrime ; qu'il soit sobre, vigilant, agile, plus enclin à obéir qu'à discuter, soigneux de maintenir la discipline parmi ses subordonnés, de les façonner à l'exercice, de veiller à ce que rien ne leur manque sous le rapport de l'habillement et de la chaussure, et à ce que leurs armes soient tenues propres à brillantes. Le décurion, appelé au commandement d'un escadron, doit être doué d'une grande souplesse de corps; couvert de sa cuirasse et des autres parties de son armure, il montera à cheval avec une aisance extrême; excellent écuyer, il saura se servir de la lance et de l'arc avec méthode; il enseignera aux cavaliers de sa compagnie tout ce qui concerne leur arme, il exigera d'eux que cuirasses, cataphractes, lances, casques soient fréquemment nettoyés, entretenus, fourbis : car l'éclat des armes contribue beaucoup à faire naître la terreur de l'ennemi. Quelle idée donnera-t-il de son aptitude à la guerre, le soldat assez négligent pour laisser ses armes se couvrir de rouille? Le travail assidu auquel on assujettit le cavalier est également imposé au cheval. Le devoir du décurion est donc de veiller à l'entretien et à l'exercice tant des hommes que des chevaux.

CHAPITRE QUINZIÈME.

ORDONNANCE DE LA LÉGION EN BATAILLE.

Maintenant, comment s'y prendra-t-on, au moment d'engager le combat, pour ranger une armée en bataille? C'est ce que nous allons démontrer sur le modèle d'une seule légion; on pourra, au besoin, appliquer cet exemple à un plus grand nombre. La cavalerie se place sur les ailes. La ligne de l'infanterie se compose à droite de la première cohorte, à laquelle se joint la deuxième; la troisième occupe le centre; après elle vient la quatrième, puis la cinquième qui forme la gauche. Les soldats qui précèdent ou qui entourent les enseignes, et ceux qui combattent en première ligne, reçoivent la dénomination de princes affectée également aux ordinaires et aux centurions principaux. L'infanterie de ligne était munie de casques, de cataphractes, de jambarts, de boucliers, de glaives allongés, connus sous le nom de spathes, et d'autres plus petits ou demi-spathes. Elle avait encore deux sortes de trait. Le premier, plus fort que l'autre, était une pointe de fer triangulaire de neuf pouces, fixée à une hampe de cinq pieds et demi; cette arme, nommée autrefois pilum et maintenant javelot, était l'objet d'un exercice spécial pour les soldats : lancée avec précision et vigueur, elle perçait souvent de part en part le fantassin malgré son bouclier, le cavalier à travers sa cuirasse. Le second trait, d'une dimension inférieure, formé d'une pointe de fer triangulaire de cinq pouces, avec une hampe de trois pieds et demi, a été modifié depuis dans sa dénomination primitive de dard. Tel était l'armement de la première ligne, celle des princes, et de la seconde composée des hastaires. Derrière eux venaient les dardeurs et les troupes légères, comprises actuellement sous le terme d'éclaireurs et de vélites; les soldats armés de boucliers qui avaient les balles de plomb, le glaive, les traits, en un mot l'armement adopté de nos jours presque généralement. Venaient aussi les archers avec le casque, les cataphractes, le glaive, l'arc et les flèches; les frondeurs, qui lançaient des pierres à l'aide de la fronde ou du fustibale; les tireurs, qui envoyaient des flèches au moyen de l'arbalète. Même mode d'équipement à la seconde ligne, dont les soldats prenaient le nom d'hastaires. Cette seconde ligne était disposée de la sorte : à droite, la sixième cohorte appuyée de la septième; la huitième au centre, flanquée de la neuvième; la dixième cohorte toujours à gauche.

CHAPITRE SEIZIÈME.

ÉQUIPEMENT DES TRIAIRES ET DES CENTURIONS.

Tout à fait en arrière se plaçaient les triaires

avec le bouclier, les cataphractes et le casque ; les gros fantassins avec le glaive, la demi-spathe, les balles de plomb et les deux traits. Ils restaient immobiles un genou en terre ; et si la première ligne était mise en déroute, ils rétablissaient le combat tout de nouveau et disputaient la victoire. Chaque porte-enseigne, quoique à pied, revêtait la petite cuirasse et le casque garni de peau d'ours pour imposer à l'ennemi. Quant aux centurions, ils avaient les cataphractes, le bouclier et le casque de fer, en travers duquel un cimier, couleur d'argent, servait de signe de ralliement à leurs soldats.

CHAPITRE DIX-SEPTIÈME.

ATTITUDE IMMOBILE DE L'INFANTERIE DE LIGNE EN BATAILLE.

Sachons d'abord, et n'oublions jamais, qu'en bataille la première et la seconde ligne restaient immobiles ; les triaires formant la réserve. Dardeurs, vélites, éclaireurs, archers, frondeurs, en un mot toutes les troupes légères, détachées en avant du corps de bataille, provoquaient l'ennemi. Parvenaient-elles à l'ébranler, elles le poursuivaient ; si, au contraire, sa bravoure ou sa supériorité numérique les écrasait, elles se repliaient et prenaient position en arrière des leurs. L'infanterie de ligne, à son tour, recevait les assaillants; mais semblable pour ainsi dire à un mur d'airain, elle ne combattait qu'à portée de javelot ou le glaive à la main. Lorsque l'ennemi était mis en déroute, la grosse infanterie s'abstenait de le poursuivre, dans la crainte de rompre l'ordonnance de ses lignes et de lui donner, en se dispersant, l'occasion de revenir sur elle et de la vaincre à la faveur du défaut d'ensemble. Le soin de la poursuite était laissé à l'infanterie légère, aux frondeurs, aux archers et à la cavalerie. Grâce à cette sage disposition, la légion remportait le dessus sans courir aucun risque; sinon elle survivait à un échec, car sa devise lui prescrit de ne jamais fuir sans une impérieuse nécessité, ni poursuivre.

CHAPITRE DIX-HUITIÈME.

INSCRIPTION DU NOM ET DU GRADE DE CHAQUE SOLDAT SUR LE DEVANT DU BOUCLIER.

Pour empêcher que, dans le désordre du combat, les soldats ne vinssent à s'écarter les uns des autres, chaque cohorte avait une marque spéciale et caractéristique, empreinte sur les boucliers ; usage qui se pratique encore aujourd'hui. De plus, sur le devant du bouclier était inscrit en toutes lettres le nom de chaque homme, avec l'indication de sa cohorte et de sa centurie. D'après cet exposé, il est facile de voir qu'une légion bien organisée ressemblait à une place forte, portant avec elle en tout lieu un matériel de guerre complet, sachant se garantir des surprises de l'ennemi, en élevant tout d'un coup en rase campagne des retranchements, munie qu'elle était de toute sorte d'armes et de soldats. Si nous sommes jaloux de triompher des Barbares en bataille rangée, faisons des vœux pour que, Dieu aidant, il plaise à l'Empereur de rétablir les légions sur leur pied primitif, en procédant par l'éducation des recrues. Il suffira d'un temps même assez court pour que de jeunes conscrits, choisis avec discernement, exercés chaque jour, matin et soir, dans tous les détails de l'art militaire, parviennent aisément au niveau de ces vieilles bandes qui ont soumis l'univers entier. Et qu'on n'objecte pas les changements survenus depuis peu dans les anciennes coutumes. L'intérêt bien compris de l'Etat conseille à la sagesse du prince de faire marcher de front les découvertes récentes et les traditions du passé. Toute œuvre paraît difficile avant l'essai ; mais en confiant la direction des levées à des agents consciencieux et expérimentés, on aura bientôt réuni une masse d'hommes aptes à la guerre et susceptibles d'une solide instruction. Car les efforts de l'intelligence viennent à bout de tout, pourvu qu'on ne se refuse pas aux dépenses voulues.

CHAPITRE DIX-NEUVIÈME.

AUX AVANTAGES PHYSIQUES LE CONSCRIT JOINDRA LA CONNAISSANCE DE L'ÉCRITURE ET DU CALCUL.

Comme il existe dans les légions plusieurs classes qui réclament des soldats lettrés, les officiers de recrutement qui, dans le choix des sujets, considèrent la hauteur de la taille, la force du corps, la vivacité de l'esprit, rechercheront aussi dans quelques individus la connaissance de l'écriture, l'habitude des chiffres et du calcul. La comptabilité d'une légion qui comprend les listes de corvées, les situations militaires, la gestion du trésor, est tenue chaque jour avec plus d'exactitude peut-être que ne le sont les registres de l'Etat relatifs aux subsistances ou à l'administration civile. Il y a, en temps de paix, les gardes qui se montent tous les jours; en temps de guerre, les veilles et les postes auxquels sont astreints successivement les soldats de chaque centurie et de chaque escouade : or, pour que l'un ne soit point surchargé injustement à l'avantage de l'autre, on inscrit sur des listes les noms de ceux qui ont rempli leur tâche; on prend note également de la date et de la durée des congés, qui jadis ne se délivraient que difficilement et pour des motifs d'une nécessité reconnue. Les soldats admis au corps jouissaient de certaines dispenses et n'étaient point assujettis au service des particuliers : on considérait comme une inconvenance de convertir en agent des intérêts privés le soldat de l'Empereur, entretenu et nourri par l'Etat. Néanmoins les préfets, les tribuns et les centurions principaux avaient à leur disposition de jeunes soldats attachés à la légion, c'est-à-dire reçus après le complément des contrôles et qui aujourd'hui se nomment surnuméraires. Transporter au camp le bois, l'eau, le fourrage, la paille était une obligation imposée même aux vrais soldats qui, en raison de ces corvées, ont reçu le nom de corvéables.

CHAPITRE VINGTIÈME.

LA MOITIÉ DU DON MILITAIRE MISE EN SÉQUESTRE SOUS LE DRAPEAU.

Une mesure excellente, adoptée par nos ancêtres, consiste à séquestrer sous le drapeau la moitié du don accordé aux soldats, pour la leur conserver, dans la crainte qu'ils ne la prodiguent immédiatement en plaisirs et en folles dépenses. La plupart des hommes, en effet, surtout dans la classe pauvre, dissipent au fur et à mesure qu'il reçoivent. D'abord le dépôt de cette somme est avantageux pour les soldats qui, entretenus aux frais de l'Etat, voient grossir leurs économies de la moitié de chaque don militaire. Il en résulte encore que le soldat, sachant que ses épargnes sont consignées sous son drapeau, bien loin de le déserter, l'affectionne davantage et combat pour sa défense avec plus de bravoure, en vertu de cette disposition naturelle qui fait que l'homme déploie tout son zèle du moment que sa fortune est en jeu. En conséquence, dix bourses ou sacs en cuir, c'est-à-dire un par cohorte, servaient à contenir cet argent. Un onzième sac supplémentaire, dans lequel toute la légion apportait une petite part, était affecté aux sépultures ; et lorsqu'un soldat venait à décéder, pour couvrir la dépense de ses funérailles, on avait recours à ce onzième sac. Ces sommes, que l'on renferme aujourd'hui dans une manne d'osier, étaient confiées à la garde des porte-enseigne. Aussi ne désignait-on à cet emploi que des gens probes et lettrés, capables à la fois de conserver un dépôt et d'établir à chacun le compte qui lui revenait.

CHAPITRE VINGT-ET-UNIÈME.

L'AVANCEMENT DES LÉGIONNAIRES EXIGE QU'ILS PASSENT GRADUELLEMENT DANS CHAQUE COHORTE.

Ce n'est pas seulement le génie de l'homme, c'est une inspiration divine qui, selon moi, a organisé la légion romaine. Dans les dix cohortes qui la composent il règne une telle ordonnance, qu'on dirait les parties d'un seul corps, l'assemblage d'un même tout. Les conditions de l'avancement veulent que le soldat parcoure, comme dans un cercle, chaque cohorte et chaque classe, à partir de la première jusqu'à la dixième ; après quoi un surcroît de solde et un grade supérieur le ramènent par échelon de la dixième à la première. Ainsi le centurion primipilaire n'obtient son grade, un des plus brillants et des plus avantageux de la légion, qu'après avoir commandé successivement toutes les classes et toutes les cohortes : il en est de même pour l'honorable et lucratif emploi de premier préfet du prétoire. Ceci explique l'affection véritable qui unit la cavalerie et l'infanterie légionnaires, malgré l'antipathie naturelle qui divise ordinairement ces deux armes. Grâce à ce système d'organisation, cohortes, cavaliers et fantassins vivaient tous en parfaite intelligence.

CHAPITRE VINGT-DEUXIÈME.

SIGNIFICATIONS RESPECTIVES DE LA TROMPETTE, DU CLAIRON ET DE LA TROMPE

Il existe encore dans la légion des trompettes, des clairons et des trompes. La trompette donne alternativement le signal du combat et celui de la retraite. Le clairon s'adresse non aux soldats, mais aux enseignes. S'il s'agit simplement de conduire les soldats à un travail quelconque, la trompette les y appelle. En bataille, trompettes et clairons sonnent indistinctement. L'instrument qu'on désigne sous le nom de trompe, est, en quelque sorte, un des attributs du pouvoir suprême : c'est la trompe qui salue la présence de l'Empereur; c'est elle aussi qui annonce l'exécution d'un soldat condamné à mort, exécution qui ne peut avoir lieu qu'en vertu des lois de l'Empire. Veilles, gardes, travaux de tout genre, revues du champ de Mars, la trompette signale l'ouverture de ces exercices dont elle fait savoir également la fin. Le clairon commande de planter les enseignes et de les lever. Il importe d'observer ces détails pendant les exercices et les marches, afin que le soldat, une fois devant l'ennemi, puisse obéir sans peine à la voix de son chef lui enjoignant tour à tour de combattre, de faire halte, de poursuivre, de se replier. Car c'est une vérité incontestable qu'il faut pratiquer sans cesse, en temps de paix, tout ce que la nécessité obligera de faire sur le champ de bataille.

CHAPITRE VINGT-TROISIÈME.

RÉCAPITULATION DES EXERCICES MILITAIRES.

Après cette analyse de l'organisation de la légion, revenons aux exercices d'où dérive, comme nous l'avons dit, la dénomination de l'armée. Les recrues et les soldats novices étaient astreints, matin et soir, à des exercices de toute sorte ; les vétérans et ceux dont l'instruction était déjà faite ne passaient pas un jour sans s'exercer une fois. Ce n'est ni la maturité de l'âge, ni l'ancienneté qui communique l'art de la guerre ; et, si nombreuses que soient ses années de service, le soldat dépourvu d'expérience ne sera jamais qu'un conscrit. Aussi les grandes manœuvres qu'il est d'usage d'exécuter dans le cirque, aux jours de fête, étaient l'objet d'un exercice journalier, non seulement pour les recrues soumises à l'instructeur, mais pour tous les soldats sans exception. C'est à force d'habitude que le corps acquiert cette agilité qui, dans les engagements à l'arme blanche, permet de frapper son adversaire tout en se dérobant à ses coups. Il en résulte encore un avantage plus important : les soldats apprennent à garder leurs rangs, à suivre leur drapeau au milieu des évolutions les plus compliquées, et ils échappent ainsi aux erreurs que pourrait produire la confusion des masses. Il est bon de façonner les recrues à l'exercice de la quintaine, et de leur enseigner à frapper, d'estoc et de taille, les flancs, la tête et les pieds; on les habituera à porter les coups en bondissant, à se dresser d'un saut par-dessus le bouclier et à s'effacer derrière, à s'élancer en avant avec la rapidité de l'éclair, et à se replier brusquement; ils s'essaieront encore à lancer de loin des traits contre cette quintaine pour contracter la justesse du tir et se fortifier le bras. Les archers et les frondeurs plaçaient en guise de but des fascines de paille ou des rameaux d'arbres, à une distance de six cents pieds, et ils atteignaient souvent ce but, soit avec leurs flèches, soit à l'aide du fustibale. De la sorte, ils reproduisaient sans trouble sur le champ de bataille un exercice qui, sous forme de jeu, leur était devenu familier. On aura soin de ne faire tourner la fronde qu'une seule fois autour de la tête avant de lâcher la pierre. Tous les soldats s'habituaient à lancer, simplement avec la main, des pierres d'une livre, usage réputé d'autant plus commode qu'il supprime la fronde. Mais le tir des traits et des balles de plomb était l'objet d'un exercice de tous les instants. Ainsi durant l'hiver on couvrait en tuiles ou en bardeaux, et, au besoin, en chaume ou en roseaux, des portiques pour la cavalerie et de grandes salles pour l'infanterie ; là, ces deux corps, à l'abri de l'orage et des intempéries de la saison, s'adonnaient au métier des armes. Aux autres époques de l'année, même dans le fort de l'hiver, pour peu que la neige ou la pluie cessassent, on continuait les manœuvres sur le terrain, pour ne point énerver, par l'interruption du travail, le moral et le physique du soldat. Abattre du bois, porter des fardeaux, franchir des fossés, nager dans la mer et dans les fleuves, marcher au pas allongé, courir même avec armes et bagages, voilà des exercices auxquels il est bon de s'appliquer fréquemment. En contractant tous les jours l'habitude du travail en temps de paix, on ne le trouvera plus pénible à la guerre. En conséquence, légions et troupes auxiliaires seront tenues constamment en haleine, car si le soldat instruit souhaite le combat, le soldat ignorant le redoute. N'oublions jamais qu'en bataille l'expérience fait plus que le nombre. Supprimez la science des armes, je ne vois nulle différence entre le militaire et le civil.

CHAPITRE VINGT-QUATRIÈME.

MOBILES DE L'APPLICATION A LA SCIENCE DES ARMES.

L'athlète, le chasseur, le conducteur de chars, dans l'espoir d'un faible gain, ou pour capter la faveur populaire, s'évertuent journellement à entretenir et à développer par la pratique leur industrie respective. Le soldat, entre les mains de qui repose le salut de l'Etat, doit mettre plus de zèle encore à conserver, par des exercices continuels, la science des combats, l'habitude de la guerre. Outre le relief de la victoire, des avantages considérables lui sont promis, car chaque légionnaire, d'après son rang d'ordre ou le choix de l'Empereur, peut obtenir richesses et dignités. Les comédiens travaillent sans relâche dans le seul but de mériter les applaudissements du public. Le soldat, enrôlé sous la religion du serment, ne doit dans aucun cas, soit au début, soit même au déclin de sa carrière, s'abstenir de l'exercice des armes, puisqu'il a pour mission de défendre, en même temps que sa propre vie, l'indépendance de tous. Rappelons ici cet ancien et judicieux adage : La pratique est la mère des arts.

CHAPITRE VINGT-CINQUIÈME.

ÉNUMÉRATION DU MATÉRIEL DE GUERRE DE LA LÉGION.

La légion est redevable de ses succès non-seulement au nombre de ses soldats, mais encore au riche matériel dont elle est pourvue. Son arme par excellence est le javelot que ni cuirasses ni boucliers ne peuvent amortir. Chaque centurie a sa baliste montée sur un chariot attelé de mulets ; chaque escouade, composée de onze hommes, est chargée de l'armer et de la pointer. Plus cette machine est grosse, plus le projectile a de force et de portée ; elle sert à la défense du camp, et, en bataille, elle se place derrière l'infanterie de ligne ; le cavalier revêtu de la cuirasse, le fantassin couvert du bouclier, ne peuvent résister à ses coups. Une légion compte ordinairement cinquante-cinq balistes, montées sur chariots ; plus dix onagres, c'est-à-dire un par cohorte, montés sur des chars attelés de bœufs et armés, afin que dans le cas où l'ennemi viendrait à attaquer l'enceinte des retranchements, on pût se défendre à coups de flèches et de pierres. La légion transporte également avec elle des barques creusées d'un seul tronc avec des câbles d'une grande dimension, quelquefois même des chaînes de fer ; ces barques, fabriquées d'une seule pièce, se joignent les unes aux autres et au moyen d'un plancher qui les recouvre, elles facilitent à l'infanterie et à la cavalerie le passage des fleuves qui ne sont pas guéables. Il y a dans la légion des grappins de fer, appelés loups, et des faux de même métal emmanchées à de très-longues perches. Il y a, pour ouvrir la tranchée, des pioches, des hoyaux, des pelles, des bêches, des hottes et des paniers qui servent à porter la terre ; pour scier le bois et préparer les pieux, des dolabres, des haches, des cognées, des scies. Ajoutez à cela des ouvriers spéciaux munis de tous les outils nécessaires pour construire, en cas de siége, des tortues, des galeries d'approche, des béliers, des mantelets et jusqu'à des tours mobiles. Mais pour abréger cette énumération, nous dirons qu'une légion doit transporter constamment avec elle le nombreux matériel que réclament les besoins de la guerre, en sorte que partout où il lui plaira d'asseoir son camp, elle puisse créer une véritable forteresse.

SOMMAIRE DU LIVRE TROISIÈME.

I. Effectif d'une armée.
II. Maintien de l'état sanitaire d'une armée.
III. Approvisionnement des subsistances.
IV. Observation de la discipline.
V. Signes militaires.
VI. Mesures de précaution que demandent les opérations militaires dans le voisinage de l'ennemi.
VII. Passage des fleuves.
VIII. Disposition d'un camp.
IX. Considérations sur l'à-propos d'une surprise, d'une embuscade, d'une bataille rangée.
X. Conduite d'un général qui commande des troupes jeunes ou déshabituées de la guerre.
XI. Précautions à prendre le jour d'une bataille rangée.
XII. Nécessité de sonder, avant la bataille, les dispositions morales des troupes.
XIII. Choix d'un champ de bataille.
XIV. Organisation d'une armée en bataille.
XV. Dimension des lignes et des intervalles.
XVI. Disposition de la cavalerie.

XVII. Rôle des troupes de réserve.
XVIII. Postes assignés au général en chef et aux généraux subalternes.
XIX. Moyens de déconcerter en bataille la bravoure et les stratagèmes de l'ennemi.
XX. Ordres de bataille. Moyens de remporter la victoire avec des forces inférieures.
XXI. Faciliter la retraite à l'ennemi, pour le détruire plus aisément.
XXII. Comment faire pour se dérober à l'ennemi, si l'on veut refuser le combat.
XXIII. De l'emploi des chameaux et de la cavalerie bardée de fer.
XXIV. Moyens de résister en bataille aux chars armés de faux et aux éléphants.
XXV. Conduite à tenir pour parer à la déroute partielle ou complète d'une armée.
XXVI. Maximes militaires.

VÉGÈCE

TRAITÉ DE L'ART MILITAIRE

LIVRE TROISIÈME.

AVANT-PROPOS.

A L'EMPEREUR VALENTINIEN II.

Athènes et Lacédémone, au dire des annales de l'antiquité, devancèrent la Macédoine dans la possession du pouvoir. Les Athéniens joignirent à la pratique des armes la culture des différents arts; mais la guerre fut l'occupation principale des Lacédémoniens. Ce sont eux qui les premiers appréciant les batailles d'après le résultat, recueillirent par écrit les observations que leur suggéra l'expérience, et firent voir que l'art militaire, loin de dépendre exclusivement de la bravoure ou bien du bonheur, était une science qui méritait d'être étudiée avec le plus grand soin. Aussi choisirent-ils des maîtres qui, sous le nom de *Tactiques*, furent chargés d'enseigner à la jeunesse la théorie de la guerre et les divers modes de combat. Hommage éternel d'admiration à ce peuple qui a mis au premier rang l'apprentissage d'un art, sans lequel tous les autres ne peuvent exister ! Héritiers de ces principes, les Romains ont pratiqué les préceptes des travaux de Mars et les ont propagés par leurs écrits. Ces préceptes sont disséminés dans les ouvrages d'une foule d'auteurs. Vous avez voulu, invincible Empereur, que, malgré mon insuffisance, j'en fisse un résumé, exempt tout à la fois de la fatigue, qu'inspirent de longs développements, et de l'obscurité, qui naît d'un cadre restreint. Quant à l'excellence de la méthode militaire, adoptée par les Lacédémoniens, je n'en citerai qu'un exemple entre mille. Attilius Régulus et nos légions avaient battu en diverses rencontres les Carthaginois, lorsque ceux-ci secondés, non par la valeur, mais uniquement par le génie de Xantippe, effacèrent leurs désastres, en faisant prisonnière l'armée romaine avec son général, et terminèrent par une seule victoire toute la campagne. Et Annibal, au moment de marcher sur l'Italie, quel maître voulut-il dans l'art des combats? un Lacédémonien, dont les conseils, suppléant à l'infériorité du nombre et à l'inégalité de ses forces, l'aidèrent à terrasser tant de consuls à la tête de nombreuses légions. Ainsi donc, désirons-nous la paix? préparons-nous à la guerre; sommes-nous jaloux de vaincre? instruisons soigneusement nos troupes. Qui veut des succès doit s'appuyer sur les leçons de l'art et non sur les chances du hasard. Toute provocation, toute tentative d'agression s'arrête devant un renom de supériorité guerrière.

CHAPITRE PREMIER.

EFFECTIF D'UNE ARMÉE.

Le choix et l'exercice des recrues ont fait l'objet du premier livre; dans le second, nous avons exposé l'organisation de la légion et les éléments de l'art militaire; le troisième que voici embouche le clairon. Le but de ces préliminaires a été de faire mieux saisir et de rendre plus efficaces, à l'aide d'un enchaînement progressif, les instructions relatives au mécanisme des combats d'où dépend entièrement la victoire. On entend par armée une masse d'hommes réunis pour faire la guerre, composée de légions, de corps auxiliaires et de cavalerie. Les maîtres de l'art veulent que son effectif soit limité. L'exemple de Xercès, de Darius, de Mithridate et d'autres rois qui armèrent des populations immenses, atteste évidemment que les armées trop considérables succombent plutôt par l'excès de leur nombre que par le fer de l'ennemi. Une multitude démesurée court plus d'un risque : en marche, elle éprouve nécessairement des lenteurs, l'allongement de ses colonnes l'expose souvent à fléchir devant une poignée d'assaillants ; au passage des défilés et des fleuves, le retard, qui résulte du transport des bagages, donne carrière aux surprises. D'ailleurs c'est avec une peine infinie qu'on parvient à rassembler du fourrage pour une quantité prodigieuse de chevaux et de bêtes de somme ; or, le manque de subsistances, qu'on doit éviter dans toute expédition, épuise les corps d'armée trop nombreux. On aura beau déployer tout le zèle imaginable dans l'approvisionnement des vivres, la disette se fera sentir d'autant plus vite que la consommation sera plus forte ; l'eau même est quelquefois insuffisante aux besoins de pareilles masses.

Je suppose que cette armée en bataille vienne à tourner le dos, le chiffre de ses pertes sera en proportion de l'énormité de son effectif, et ceux qui auront échappé au massacre, une fois sous l'impression de la crainte, appréhendront un nouveau choc. Les anciens, guidés par l'expérience dans le choix des moyens répressifs, furent moins jaloux du nombre que de l'instruction de leurs armées. Ainsi, dans les guerres peu importantes, une seule légion mélangée d'auxiliaires, c'est-à-dire, dix mille fantassins et deux mille chevaux leur parurent suffisants : cette troupe était commandé le plus souvent par des préteurs ou généraux de second ordre. Quand l'ennemi se présentait en forces, un consulaire, dont l'autorité correspond à celle de comte de première classe, marchait avec vingt mille hommes d'infanterie et quatre mille chevaux. Mais si une coalition de plusieurs peuples barbares levait l'étendard de la révolte, alors, sous l'empire de la nécessité, on faisait partir deux généraux, à la tête de deux armées, en vertu de ce décret :
« L'un des consuls, ou tous deux ensemble avi-
» seront à ce que la République ne souffre aucun
» dommage. » En somme, le peuple romain qui eut à combattre, presque chaque année, des en-

nemis de toute sorte, dans des pays divers, en vint à bout grâce au système d'organisation de ses troupes, basé sur cette sage maxime : que des armées distinctes sont préférables à une seule d'un effectif démesuré. On eut soin toutefois de ne jamais admettre dans les camps un nombre d'alliés et d'auxiliaires qui excédât celui des citoyens romains.

CHAPITRE DEUXIÈME.

MAINTIEN DE L'ÉTAT SANITAIRE D'UNE ARMÉE

Passons maintenant à une question de la plus haute importance : je veux parler des soins qui contribuent à entretenir une armée dans de bonnes conditions sanitaires. Ces soins ont pour objet les lieux, l'eau, les saisons, l'hygiène, l'exercice. A l'égard des lieux, il faut éviter le voisinage des marais d'où s'échappent des exhalaisons pestilentielles, les plaines dépourvues d'ombrage et les côteaux arides. L'été, les soldats ne séjourneront point sans l'abri de leurs tentes; ou ne les mettra pas en marche trop tard dans la crainte des maladies qu'occasionnent les fatigues de la route par un soleil ardent; mais on aura soin, pendant les chaleurs, de les acheminer, avant l'aurore, sur leur destination. Dans le fort de l'hiver, on ne les fera point marcher, la nuit, au milieu des neiges et des glaces; on veillera à ce qu'ils soient suffisamment vêtus, à ce qu'ils aient une provision de bois. Le soldat qui endure le froid est incapable de bien se porter et de bien se battre. Les eaux insalubres et marécageuses doivent être interdites à l'armée, car l'absorption d'une eau malsaine produit sur les organes l'effet corrosif du poison. Les soldats atteints de cette maladie trouveront, dans une alimentation convenable et dans le secours des médecins, le rétablissement de leur santé, qui a pour gardiens vigilants les centurions principaux, les tribuns et même le comte qui tient les rênes de l'administration. Car des hommes obligés de subir à la fois les rigueurs de la guerre et le malaise de la fièvre, sont une bien triste ressource. Les maîtres de l'art militaire ont considéré l'exercice quotidien des armes comme le meilleur médecin du soldat. Aussi voulurent ils que les fantassins fussent exercés sans relâche, en temps de pluie et de neige, sous un abri; les autres jours, en rase campagne. Par le même motif, ils enjoignirent aux cavaliers de s'exercer assidûment, eux et leurs chevaux, non-seulement en plaine, mais le long des pentes escarpées et à travers des sentiers bordés de précipices, pour qu'ils ne fussent étrangers à aucune des difficultés fortuites de la guerre. Nécessité donc de tenir une armée constamment en haleine, puisque l'habitude du travail lui procure le double avantage de la santé dans le camp et de la victoire sur le champ de bataille. Dans les saisons d'été et d'automne, si les troupes prolongent leur résidence dans un même endroit, il arrive que la corruption de l'eau et les émanations putrides qui s'échappent de cette agglomération d'hommes vicient l'air, attaquent la respiration et engendrent une épidémie très-dangereuse, qu'on ne peut éviter qu'en changeant souvent de campement.

CHAPITRE TROISIÈME.

APPROVISIONNEMENT DES SUBSISTANCES.

C'est le cas de parler de l'approvisionnement des vivres et du fourrage. La disette détruit plus d'armées que les combats et la famine est plus meurtrière que le fer. La plupart des catastrophes trouvent un remède à la longue ; il n'en est point pour le manque des subsistances, si l'on n'a eu soin de ménager d'avance une réserve. L'arme la plus efficace à la guerre, celle qui remplace toutes les autres, consiste à mettre de son côté l'abondance et à réduire l'ennemi par la disette. Ainsi donc, avant l'ouverture d'une campagne, on dressera un état de situation détaillé des troupes et des dépenses qu'elles nécessitent, afin que le fourrage, les grains et autres munitions de bouche que les provinces sont tenues de fournir, soient délivrés promptement, en une quantité toujours supérieure aux besoins, et emmagasinés dans des postes fortifiés, à portée des opérations militaires. Au défaut des contributions, l'argent du trésor complétera l'approvisionnement, car la richesse, sans l'appui des armes, n'est qu'un bien passager. Il arrive souvent que les deux partis à la fois se trouvent dans une situation critique et que la durée d'un siége dépasse toutes les conjectures, lorsque les assiégeants, eux-mêmes aux abois, s'obstinent à ne point désemparer, dans l'espoir de vaincre les assiégés par la famine. Avant l'approche de l'ennemi, les troupeaux, les grains, le vin, en un mot tout ce qui pourrait le ravitailler sera soustrait. Dans l'exécution de cette mesure, on ne se bornera pas à prévenir officiellement les propriétaires ; des commissaires délégués les contraindront à transporter leurs ressources dans des forts avantageusement situés et pourvus de garnison, ou dans des villes en parfait état de défense. Avant l'envahissement, on obligera les habitants du pays à se renfermer, eux et leurs provisions, dans l'intérieur des places. On aura soin de réparer d'avance les murailles et le matériel de guerre. Car pour peu que l'occupation de l'ennemi prévienne l'achèvement de ces préparatifs, l'alarme produit aussitôt un désordre général, et les secours, que l'on pourrait attendre des villes voisines, se trouvent interceptés avec les communications. Toutefois la surveillance attentive des greniers et l'économie des distributions suppléent ordinairement à l'abondance, surtout si dès l'abord on agit avec épargne ; du reste la parcimonie est superflue quand on n'a plus rien à conserver. Les anciens, pendant les expéditions difficiles, envisageaient dans la taxe des rations non le grade, mais l'individu, sauf à dédommager plus tard les parties lésées. L'hiver, on évitera le manque de bois et de fourrage ; l'été, l'absence d'eau ; mais dans toutes les saisons, on fera en sorte de n'être jamais dépourvu de blé, de vin, de vinaigre et de sel. Quant à la garde des places et des forts, elle sera confiée aux soldats reconnus les moins fermes sur le terrain ; ils auront pour armes de défense l'arc, le fustibale, la fronde, l'onagre et la baliste. Il est important d'aviser à ce que les propositions insidieuses de l'ennemi n'abusent de l'inexpérience et de la simplicité des habitants. Les rapports admis sur de fausses négociations ont été souvent plus funestes aux gens crédules qu'une guerre déclarée. D'après ce système de conduite, de deux choses l'une : l'ennemi en aglomérant ses forces, s'exposera aux souffrances de la faim ; en les dispersant il se mettra dans le cas d'être aisément vaincu par de vigoureuses sorties.

CHAPITRE QUATRIÈME.

OBSERVATION DE LA DISCIPLINE.

Une armée, dont les éléments ont été pris de côté et d'autre, s'insurge quelquefois : bien que décidée à ne point se battre, elle fait éclater une feinte colère sous prétexte qu'on refuse de la mener à l'ennemi. Ces manifestations proviennent le plus souvent d'un régime de vie paresseuse et molle. Les travaux que réclame une expédition, trop durs pour des bras engourdis, et l'appréhension d'une bataille, naturelle à des hommes déshabitués de l'exercice, expliquent de pareils excès. Pour remédier à ce fléau, on connaît plusieurs expédients. Sans attendre la réunion des troupes, tandis qu'elles occupent encore leurs quartiers respectifs, les tribuns, les substituts et les centurions principaux déploieront pour maintenir la discipline une sévérité inflexible, exigeant avant tout que le soldat fasse preuve d'obéissance et de zèle. Les courses en plein champ, les inspections d'armes, les appels, les revues se succéderont, sans qu'on tolère la moindre exemption. Tir des flèches et du javelot, jet des pierres avec la fronde ou la main, maniement des armes, escrime d'estoc et de taille avec le levier en guise de glaive, ces exercices se répéteront plusieurs fois par jour, jusqu'à extinction de forces. La gymnastique habituera aussi les soldats à franchir des fossés à la course ; si leurs quartiers se trouvent dans le voisinage de la mer ou d'un fleuve, on les soumettra tous à la natation durant l'été. Ils marcheront le long des sentiers abrupts, à travers les broussailles, abattront du bois, le dégrossiront, ouvriront des tranchées ; ils occuperont un poste et en disputeront la possession à leurs camarades, en faisant assaut de *boucliers*. Voilà de quelle manière on développe, dans les cantonnements, l'intelligence et l'activité des troupes. Sous l'influence d'une telle direction, le légionnaire, le cavalier, l'auxiliaire, réunis pour faire campagne, rivaliseront tous d'ardeur et seront certainement plus désireux des combats que du repos. L'idée du désordre n'atteint pas celui qui a la conscience de son savoir-faire et de ses forces. Un général qui embrasse sous son commandement des légions, des corps auxiliaires, des compagnies à cheval, saura, par l'intermédiaire des tribuns, des substituts et des centurions principaux, si, dans le nombre, il se rencontre quelques soldats turbulents ou séditieux. Dans ce cas, au lieu d'en croire des rapports quelquefois malveillants, il vérifiera lui-même les faits, et pour agir avec prudence, il éloignera du camp les coupables, en leur assignant une mission de leur goût, par exemple, un fort, une place à garder ou à fortifier, mais cela avec beaucoup d'adresse, afin que, tout en les chassant, il semble leur accorder une faveur. La multitude ne se précipite jamais dans la révolte d'un accord unanime; elle a toujours pour instigateurs une poignée de misérables et de scélérats, qui comptent rester impunis en ayant de nombreux complices. Si les circonstances veulent impérieusement qu'on corrige le mal, il vaut mieux, suivant nos anciennes coutumes, faire justice des auteurs, ce qui fait peser l'intimidation sur tous et le châtiment sur quelques-uns. Mais le général le plus digne d'éloge est celui qui, au lieu d'inspirer l'obéissance à ses soldats par la crainte des supplices, maintient son armée dans la subordination, à l'école du travail et de la pratique des armes.

CHAPITRE CINQUIÈME.

SIGNES MILITAIRES.

Il y a mille choses à dire et à observer à l'égard de la conduite sur le champ de bataille, car la moindre négligence est impardonnable là ou la vie est en jeu. Mais une des recommandations les plus fécondes en succès, c'est l'obéissance ponctuelle au langage des signes. La voix seule est impuissante à diriger les masses pendant le tumulte de l'action, et pourtant il se présente une foule de circonstances où le commandement et l'exécution doivent être simultanés. Un ancien usage, commun à tous les peuples, a fait disparaître cet inconvénient, au moyen de signes qui transmettent la pensée du général à une armée entière et lui permettent d'accomplir ses ordres. On distingue trois sortes de signes : les vocaux, les demi-vocaux et les muets. Les deux premiers frappent l'oreille ; les autres parlent aux yeux. On appelle signes vocaux, ceux qu'articule la voix de l'homme ; ce sont les mots d'ordre prescrits pour les gardes et pour le combat, par exemple : *Victoire, Palme, Valeur, Dieu est avec nous, Triomphe de l'Empereur*, et généralement les premiers termes venus que le commandant en chef jugera convenable d'indiquer. On aura soin toutefois de varier chaque jour la désignation de ces signes, de peur qu'à la longue l'ennemi ne parvienne à les connaître, et que ses espions ne se glissent impunément parmi nos soldats. Les signes demi-vocaux émanent de la trompette, du clairon et de la trompe. La trompette est un instrument de forme droite ; le clairon un tube de cuivre recourbé en cercle ; la trompe une corne d'aurochs, garnie d'argent, qui facilite la mélodie des sons. Au bruit de ces divers instruments, une armée sait d'une manière positive quand elle doit s'arrêter, marcher en avant, se replier, s'il lui faut se mettre à la poursuite des fuyards, ou bien battre en retraite. Les signes muets sont : les aigles, les drapeaux, les étendards, les flammes, les plumes et les aigrettes. Quelle que soit la direction que le général prescrive à ces symboles de ralliement, les soldats devront nécessairement marcher à leur suite. Il y a encore d'autres signes muets consistant en certaines marques particulières qu'un chef d'armée fait adapter aux chevaux, à l'habillement et même aux armes pour les distinguer de l'ennemi. Un commandant en chef manifeste aussi ses ordres, soit par un geste, soit en faisant claquer un fouet, à l'imitation des Barbares, soit en agitant ses vêtements. Dans les cantonnements, pendant les marches, dans le cours des exercices militaires, tous les soldats s'appliqueront à bien saisir le sens des différents signaux, afin de s'y conformer. Ce n'est qu'après s'être familiarisé de longue-main, dans le calme du loisir, avec chacun de ces détails, qu'on parvient à les observer exactement dans la confusion du champ de bataille. Un indice muet, commun à toutes les armées, ce sont les nuages de poussière que soulève une troupe en marche et qui accusent l'approche de l'ennemi. Par analogie, lorsque des détachements se trouvent hors de toute communication, les moyens de correspondre sont : la clarté des flammes pendant la nuit, et de jour, l'épaisseur de la fumée. Au sommet des tours qui dominent les places et les forts, on suspend des madriers dont la position tantôt verticale, tantôt inclinée, révèle ce qui se passe.

CHAPITRE SIXIÈME.

MESURES DE PRÉCAUTION QUE DEMANDENT LES OPÉRATIONS MILITAIRES DANS LE VOISINAGE DE L'ENNEMI.

Des écrivains militaires d'un grand savoir affirment que l'on court ordinairement plus de dangers en marche que sur le champ de bataille. Au moment de l'action, tous les hommes sont revêtus de leurs armes, ils voient l'ennemi de près, ils sont pénétrés de la ferme résolution de se battre. Mais en marche, le soldat se tient moins sur ses gardes, il est moins soigneusement armé ; une attaque imprévue, le piége d'une embuscade le plongent subitement dans l'alarme. Aussi un général doit-il, avant le départ, s'aider de toutes les mesures de la prudence pour déjouer les tentatives de l'ennemi, et les repousser au besoin aisément et sans perte. Il se procurera d'abord une carte très-détaillée de tous les pays qui vont être le théâtre de la guerre ; à la mesure des distances sera jointe l'indication des routes ; les chemins de traverse, les montagnes, les fleuves y seront exactement tracés. Les plus habiles capitaines ont si bien reconnu l'importance de cette précaution que, non contents de posséder une carte écrite des provinces où devaient avoir lieu les opérations, ils y ajoutèrent le relief des couleurs afin que sur un simple coup-d'œil et sans effort d'attention, ils pussent choisir les routes à suivre. En outre un général puisera ses renseignements auprès des personnes recommandables par leur caractère, leur rang, leur habitude des localités ; il les questionnera séparément, et de la pluralité des rapports naîtra la vérité. Quant à la difficulté des routes à prendre, il consultera des guides sûrs et capables, tenus sous garde, avec la perspective d'une récompense ou d'un châtiment ; ils ne laisseront pas d'être utiles, dès qu'ils se verront dans l'impossibilité de fuir, avantagés s'ils sont sincères, mis à mort en cas de trahison. Il faut généralement n'écouter que des gens sages qui s'y connaissent, et ne pas compromettre ses troupes sur l'opinion erronée de deux ou trois individus ; car le paysan quelquefois, malgré son inexpérience, est riche en promesses et s'attribue volontiers une certitude qu'il n'a pas. Mais une précaution essentielle consiste à laisser ignorer dans quels pays, sur quelles routes l'armée doit effectuer son passage. Le plus solide rempart à la guerre, c'est de couvrir d'un voile ses opérations. C'est pour cela que les anciens, en plaçant sur l'étendard des légions le Minotaure, à qui la fable assigne pour retraite les sinuosités les plus ténébreuses d'un labyrinthe, voulurent déclarer par cet emblème que les résolutions d'un général doivent être constamment secrètes. La route la plus sûre est celle qui éveille le moins les soupçons de l'ennemi. Toutefois comme ses éclaireurs peuvent, à l'aide d'informations, et même de leurs propres yeux, surprendre le mouvement du départ; comme les transfuges et les traîtres ne manquent pas, on avisera aux moyens de prévenir une attaque. Avant de mettre en marche le gros de son armée, un général se fera précéder des cavaliers les mieux montés, d'une fidélité et d'une intelligence éprouvées, avec mission d'explorer dans tous les sens le pays qu'il doit parcourir, en avant et en arrière, à droite et à gauche, pour dévoiler les embûches de l'ennemi. Il vaut mieux pousser des reconnaissances la nuit que le jour ; car c'est en quelque sorte se trahir soi-même que d'exposer ses éclaireurs à la merci de l'ennemi. Voici quel sera l'ordre de marche : en tête la cavalerie ; après elle l'infanterie ; au centre les bagages, les bêtes de somme, les valets, les chariots ; en queue une arrière-garde de fantassins et de cavaliers armés à la légère. Si en route les attaques de front sont à craindre, celles des derrières sont encore plus à redouter. Le long des flancs, on entourera les bagages d'une troupe suffisante pour parer aux attaques obliques qui se produisent fréquemment. Il est très-important de renforcer l'endroit par où l'ennemi est supposé venir, en y plaçant de l'infanterie légère et des archers à pied avec les meilleurs escadrons. Lorsque l'ennemi se répand de tous les côtés à la fois, il faut être partout en état de de défense. Pour éviter les conséquences fâcheuses d'un désordre subit, les soldats seront avertis d'avance de rester fermes et de tenir en main leurs armes. Une panique effraie, un danger prévu n'inspire aucune crainte. Les anciens eurent grand soin d'empêcher que les valets, sous l'impression des blessures ou de la frayeur, les bêtes de somme, dans l'épouvante suscitée par le bruit, ne jetassent le trouble parmi les soldats : ils avisèrent également à ce que, disséminés sur une vaste surface ou agglomérés dans un espace étroit, leurs forces ne fussent paralysées au profit de l'ennemi. Ainsi, à l'imitation des troupes, ils imaginèrent de classer les bagages sous des enseignes spéciales. Parmi les valets, autrement dits galéaires, ils choisirent les plus expérimentés et leur confièrent la direction d'un nombre d'esclaves et de bêtes de somme, qui ne dépassait pas deux cents : ils leur assignèrent des drapeaux pour les aider à reconnaître de quelle section tels bagages faisaient partie. Les combattants se tiennent à une certaine distance des bagages pour éviter, pendant la lutte, une situation gênante et funeste. Une armée en marche varie ses moyens de défense selon la diversité des lieux qu'elle rencontre. Par exemple, en rase campagne, la cavalerie se déploie ordinairement plutôt que l'infanterie; mais dans les terrains montueux, boisés, marécageux, les troupes à pied exercent une action plus décisive. On sera attentif à empêcher que par suite de l'empressement des uns et de la lenteur des autres, la colonne ne vienne à se rompre, ou à s'amincir; car sitôt qu'un vide existe, l'ennemi s'y jette. En conséquence, les instructeurs, les substituts, les tribuns même circuleront dans les rangs afin de modérer l'excès de la vivacité et d'aiguillonner la paresse. Si l'on est coupé, qu'arrive-t-il? la tête de colonne, qui s'est trop avancée, songe plutôt à fuir qu'à rebrousser chemin; et l'arrière-garde, abandonnée à elle-même, succombe victime de l'ennemi et de son désespoir. Règle générale, quand l'adversaire a jugé qu'une position lui est avantageuse, de deux choses l'une : ou il trame un piége dans l'ombre, ou il déclare guerre ouverte. Pour prévenir tout danger occulte, il est du devoir d'un général de faire d'abord reconnaître soigneusement le terrain. Une embuscade démasquée et assaillie adroitement éprouve plus de dommage qu'elle n'aurait pu en occasionner. Mais si des hostilités franches se préparent dans un pays de montagnes, on commencera par garnir les plateaux de forts détachements, afin que l'ennemi, en approchant, convaincu de son impuissance, n'ose s'aventurer dans la crainte d'être attaqué de front et d'en haut. Dans le cas où s'offriraient des chemins étroits, mais sûrs, il vaut mieux s'y frayer péniblement un passage, en se faisant précéder de soldats munis de haches et de dolabres, que de se risquer sur une route en très-bon état. Il est à propos de bien connaître les habitudes de l'ennemi ; s'il exécute ses surprises la nuit, au point du jour ou à l'heure des repas, afin d'être en mesure de répondre aux tentatives que présage son système de conduite. Il faut savoir si sa force principale consiste en infanterie ou en cavalerie, en piques ou en flèches, en hommes ou en munitions de guerre ; nos dispositions prises sur ces données seront tout à notre avantage et par là même à son détriment. Une foule de considérations se présentent encore : Convient-il de se mettre en marche le jour ou la nuit? Quelles sont les distances qui nous séparent du but que nous voulons atteindre? L'été, le manque d'eau est à craindre en route ; l'hiver, des marais d'un accès difficile ou impraticable, des torrents grossis, des obstacles inattendus arrêtent une armée avant qu'elle n'arrive à sa destination. Il est de notre intérêt d'éviter sagement ces écueils, mais, si l'adversaire, par ignorance ou par inadvertance, nous offre des chances favorables, il ne faut pas les négliger. En étant toujours aux aguets, en attirant les traîtres et les transfuges, nous parviendrons à démêler les intentions de l'ennemi pour le présent et même pour l'avenir. Des escadrons soutenus d'infanterie légère, se tiendront prêts à fondre sur lui, dès qu'il sera en marche ou qu'il s'écartera pour ramasser du fourrage et des vivres.

CHAPITRE SEPTIÈME.

PASSAGE DES FLEUVES.

Au passage des fleuves la négligence produit souvent des résultats fâcheux. La rapidité du courant, la largeur du canal peuvent occasionner la submersion des bagages, des valets, et quelquefois même des soldats indolents. Quand on a découvert un gué, des cavaliers montés sur des chevaux choisis se placent sur deux lignes que sépare un intervalle suffisant pour permettre entre elles le passage de l'infanterie et des bagages. La ligne d'amont brise la violence des eaux ; la ligne d'aval sert à recueillir et à transporter ceux qui cèdent au gré du courant. Lorsque la profondeur du fleuve se refuse à recevoir l'infanterie et la cavalerie, si c'est en plaine, on ouvre dans tous les sens des canaux de dérivation qui facilitent la traversée. Pour franchir les rivières navigables, on enfonce des supports que l'on recouvre d'un plancher : une opération plus expéditive consiste à lier ensemble des futailles vides à l'aide de chevrons superposés. Les cavaliers forment un lit de roseaux ou d'autres plantes marécageuses desséchées, sur lequel ils déposent leurs cuirasses et leurs armes pour les garantir de l'humidité; puis ils nagent à côté de leurs chevaux traînant à leur remorque chacun de ces lits. On a imaginé un procédé plus commode dans la fabrication de petites barques d'une certaine largeur, creusées d'un seul tronc, et douées, en raison de la qualité du bois, d'une excessive légèreté. Elles se transportent à la suite de l'armée, sur des chars, avec des planches et des clous. De cette manière, un pont est jeté en un clin d'œil; on l'assujettit avec des câbles destinés à cet usage et il présente temporairement la même solidité que des arches de pierre. C'est ordinairement au passage des rivières que l'ennemi dresse ses embûches ou dirige ses attaques. Dans cette prévision, on dispose sur les deux rives des détachements armés, de peur que le pont venant à être détruit, l'adversaire ne profite du partage de nos forces pour nous écraser. Mais il est plus prudent de planter des palissades sur l'un et l'autre bord, ce qui permet de tenir tête avec avantage aux assaillants. Si le pont n'a pas été créé exclusivement dans le but d'une traversée, mais comme moyen de communication et pour assurer les subsistances, on ouvre, à chacune de ses extrémités, de larges tranchées, revêtues d'un remblai, derrière lequel se placent des soldats, avec ordre de résister aussi longtemps que les circonstances l'exigeront.

CHAPITRE HUITIÈME.

DISPOSITION D'UN CAMP.

A la suite de ces considérations sur les marches, il est naturel d'exposer l'organisation du camp qui est le lieu de repos. Car à la guerre on ne rencontre pas toujours une ville entourée de murailles où l'on puisse faire halte et séjourner; or, c'est une imprudence des plus dangereuses que d'établir une armée à l'aventure sans aucune sorte de retranchements. Le temps que les soldats emploient à leurs repas, à différentes corvées, ouvre une carrière facile aux embûches; en outre, l'obscurité de la nuit, le besoin de sommeil, la dispersion des chevaux au pâturage sont autant d'occasions qui provoquent une surprise. Il ne suffit pas, pour asseoir un camp, de choisir un endroit convenable; il faut qu'il réunisse des conditions telles qu'on ne puisse en trouver de meilleur, dans la crainte qu'en négligeant une position plus avantageuse, l'ennemi ne s'en empare à notre préjudice. On aura soin encore d'éviter, pendant l'été, le voisinage d'une eau insalubre et l'éloignement d'une eau saine; en hiver le manque de fourrage et de bois; les inondations que des orages pourraient produire subitement dans la plaine où l'on se propose de résider; les gorges et les défilés qui, interceptés par l'ennemi, rendraient le passage difficile; le commandement des hauteurs d'où les traits de l'adversaire arriveraient jusqu'à nous. Ces précautions prises, on assigne au camp une forme carrée, ronde, triangulaire, oblongue, suivant l'état des lieux. La configuration n'influe en rien sur l'utilité; cependant on considère comme le plus beau camp celui dont la longueur dépasse d'un tiers la largeur. Les arpenteurs, avant de limiter l'enceinte, consulteront l'effectif de l'armée. Sur un espace étroit les combattants se resserrent, sur une surface trop étendue ils sont éparpillés. On connaît trois manières de retrancher un camp. La première qui est la plus simple, s'emploie pour passer une journée ou une nuit, elle consiste à couper des gazons dont on compose un glacis, sur lequel on dispose des palissades de pieux ou bâtons pointus. La motte de gazon s'enlève avec un outil spécial, en conservant les racines qui donnent de la consistance à la terre : elle doit avoir un demi-pied d'épaisseur, un pied de large, un pied et demi de long. Si la terre trop meuble empêche qu'on ne coupe des gazons en forme de brique, on ouvre une tranchée passagère de cinq pieds de largeur sur trois de profondeur ; un remblai intérieur protège l'armée et lui permet de reposer sans inquiétude. Mais les campements fixes d'été ou d'hiver exigent, dans le voisinage de l'ennemi, plus de soins et de travaux. Chaque centurie reçoit sa tâche déterminée par les instructeurs et les centurions principaux. Les boucliers et les bagages sont rangés en cercle autour de leurs enseignes respectives ; les soldats, le glaive au côté, creusent une tranchée large de neuf, onze ou treize pieds ; si l'on redoute la supériorité de l'ennemi, on l'élargit de dix-sept à dix-neuf pieds. Il est d'usage de conserver un nombre impair. Vient ensuite l'élévation de la terrasse, entourée d'un clayonnage, ou entremêlée de troncs d'arbres et de branchages pour prévenir l'éboulement des terres. Au-dessus on construit, comme sur une muraille, des créneaux et des tours. Les centurions vérifient avec la perche ces travaux, pour reconnaître si les proportions sont exactes et si la négligence n'a produit aucune omission ; les tribuns mêmes y assistent en personne, et, s'ils ont le sentiment du devoir, ils ne se retirent que quand tout est définitivement achevé. Mais afin de parer aux attaques qui pourraient troubler les travailleurs, la cavalerie entière, et la portion de l'infanterie, que les privilèges du grade dispensent du travail, se rangent en avant de la tranchée, armées de pied en cap, et prêtes à repousser les démonstrations de l'ennemi. Dans l'intérieur du camp, on place d'abord les enseignes, chacune à son poste, parce que rien n'impose davantage à la vénération religieuse du soldat. Ceci fait, on prépare le prétoire réservé au général et à sa suite; puis on dresse les tentes des tribuns, à qui des hommes de corvée apportent l'eau, le bois, le fourrage. Ensuite légions et corps auxiliaires, cavaliers et fantassins, classés suivant le grade se rendent dans l'endroit du camp qui leur est assigné pour y planter leurs pavillons. Chaque centurie est tenue de fournir quatre cavaliers et quatre fantassins pour les gardes nocturnes. Mais comme il est impossible qu'une sentinelle reste debout, la nuit entière, on a divisé les veilles en quatre parties, précisées par la clepsydre, de sorte que les factions de nuit ne durent pas plus de trois heures. La trompette sonne l'ouverture de chaque veille ; le clairon en annonce la fin. Les tribuns désignent des soldats en qui ils ont confiance, pour inspecter les veilles et faire un rapport des fautes commises ; cet emploi est devenu aujourd'hui un grade militaire, et ceux qui l'exercent se nomment sergents de ronde. Ajoutons que les cavaliers font faction, la nuit, en dehors des retranchements. Si l'on est campé de jour, les gardes se montent alternativement le matin et après midi, pour ménager les hommes et les chevaux. Une des premières obligations du général, qu'il ait pour résidence un camp ou une place forte, c'est de mettre hors de la portée de l'ennemi les terrains de pâture, les transports de blé et autres denrées, les lieux qui fournissent l'eau, le bois, le fourrage. A cet effet, il échelonnera le long de la route, que ses convois auront à parcourir, des détachements dans de bonnes positions, telles que places ou châteaux-forts. A défaut d'anciens retranchements, on établit dans des endroits avantageux des fortins passagers, entourés de vastes fossés : fortin est un diminutif dérivé du mot fort. Grâce à cette mesure, une poignée de fantassins et de cavaliers, en poste avancé, maintiennent la liberté des communications. Car l'ennemi ose rarement s'aventurer, quand il appréhende une double attaque en tête et en queue.

CHAPITRE NEUVIÈME.

CONSIDÉRATIONS SUR L'A-PROPOS D'UNE SURPRISE, D'UNE EMBUSCADE, D'UNE BATAILLE RANGÉE.

Quiconque a daigné lire ces pages sur l'art militaire, extraites des meilleurs auteurs, est sans doute désireux de connaître immédiatement les lois qui règlent la conduite un jour de bataille. Mais n'oublions pas qu'une action générale est décidée dans l'espace de deux ou trois heures, après quoi le parti vaincu voit toutes ses espérances évanouies. Il faut donc d'abord tout imaginer, tout essayer, tout faire avant de tomber au fond de l'abîme. Les bons généraux, au lieu d'affronter les hasards d'une bataille rangée, préjudiciables aux deux partis, ont ordinairement recours aux surprises, afin, tout en sauvant les leurs, de détruire ou du moins d'épouvanter le plus d'ennemis possible. Je vais exposer à cet égard, d'après les traditions anciennes, tout ce qui est rigoureusement nécessaire. Il est d'une souveraine importance pour un général de s'entourer des hommes qui, dans son armée, ont le plus d'expérience et de lumières, et d'étudier avec eux ses forces ainsi que celles de l'ennemi dans des conférences fréquentes d'où la flatterie, ce fléau dangereux, sera sévèrement exclue. Il s'informera si la supériorité du nombre est de son côté ou de celui de l'ennemi; s'il est plus ou moins riche en armes et en munitions; quelles sont les troupes les mieux exercées, les plus braves devant le péril? Il examinera où sont les meilleurs cavaliers et les plus fermes fantassins; sachant que l'infanterie est la base fondamentale d'une armée; et parmi les troupes à cheval, il verra lequel de son adversaire ou de lui possède le plus de piques, de flèches, de cuirasses, lequel monte les plus solides chevaux. Enfin, il remarquera si les lieux, qui vont être le théâtre de la guerre, sont disposés à l'avantage de l'ennemi ou au sien. Fonde-t-il son espoir sur la cavalerie? il doit ambitionner les plaines; sur l'infanterie? il préférera les défilés, les terrains coupés de ravins, de marais, de bouquets d'arbres et même de montagnes. La question du plus ou moins de vivres n'est point indifférente, car la faim, dit-on, est un ennemi intérieur, souvent plus meurtrier que le fer. Il est de la plus haute importance d'apprécier s'il convient de traîner les hostilités en longueur ou de hâter la bataille. Quelquefois l'adversaire se flatte de pouvoir terminer promptement la campagne : alors en employant un système de lenteur on le plonge dans la détresse; ses troupes découragées aspirent à revoir leurs foyers et l'impuissance de ne rien faire qui vaille le réduit à décamper. Car sous l'étreinte de la fatigue et du dégoût, les désertions se multiplient, les uns trahissent, les autres se rendent; et comme la fidélité dans le malheur est une chose rare, tel qui s'était présenté avec un appareil imposant est bientôt mis à nu. A cet effet, il importe de connaître le caractère du général ennemi et celui des officiers qui l'entourent, s'ils ont pour trait saillant la témérité ou la prudence, l'audace ou la circonspection; s'ils possèdent l'art de la guerre ou s'ils se battent uniquement par routine : parmi leurs alliés nous distinguerons les braves et les lâches, et parmi nos auxiliaires, nous tiendrons compte également des forces et du dévouement, de sorte que, en pesant d'une part les dispositions morales de l'ennemi, et de l'autre celles de notre armée, nous saurons de quel côté se trouvent les plus grandes chances de vaincre. Ces aperçus tendent à ébranler ou à redoubler le courage. Dans des circonstances désespérées, un général relève par ses harangues le moral des troupes, surtout si sa personne n'accuse aucune crainte. La confiance renaît après un coup d'éclat provenant d'une embuscade ou d'une surprise, pour peu que l'ennemi ait essuyé un échec, ne lui aurait-on battu qu'un détachement faible et mal armé. Mais il faut bien se garder de jamais déployer en lignes une armée sous l'influence de l'hésitation et de la peur. Il importe de savoir si l'on a des conscrits ou de vieux soldats; s'ils ont fait campagne récemment, ou s'ils ont passé des années entières dans le repos; car on doit considérer comme autant de conscrits ceux qui ont perdu depuis longtemps l'habitude de la guerre. Quand les légions, les corps auxiliaires, la cavalerie arrivent de divers cantonnements, le devoir du général est de confier chaque subdivision, en commençant par les plus savantes, à des tribuns d'une habileté reconnue, avec ordre de leur faire subir séparément toute sorte d'exercices; après quoi, il les réunira toutes ensemble comme pour une bataille et présidera lui-même à leurs évolutions. Il éprouvera, à plusieurs reprises, le degré de capacité et de valeur dont elles sont douées, observant si elles agissent de concert, si elles obéissent ponctuellement au son des trompettes, aux prescriptions des signes, aux commandements, au moindre geste. Font-elles des fautes? soumettez-les à l'apprentissage des exercices jusqu'à ce qu'elles soient à même de les accomplir parfaitement. Dès que la course, le tir de l'arc et du javelot, les manœuvres en ligne ne leur offriront aucune difficulté, on les conduira à un engagement général, non pas brusquement, mais en sachant profiter de l'occasion. Il faut auparavant les initier à des combats de moindre importance. Ainsi donc un général vigilant doit avoir l'impartialité et le sang-froid d'un juge appelé à prononcer entre deux plaideurs, pour apprécier, avec l'assistance de son conseil, la situation de ses forces et de celles de l'ennemi. S'il se reconnaît vraiment la supériorité, qu'il ne diffère point de livrer une bataille dont les chances sont en sa faveur ; mais si au contraire l'ennemi lui paraît plus fort, qu'il évite de s'engager. Toutefois on a vu souvent des troupes inférieures en nombre et en qualité, à l'aide de surprises et d'embuscades dirigées par de bons généraux, remporter la victoire.

CHAPITRE DIXIÈME.

CONDUITE D'UN GÉNÉRAL QUI COMMANDE DES TROUPES JEUNES OU DÉSHABITUÉES DE LA GUERRE.

Tous les arts, tous les métiers empruntent leur perfectionnement d'une pratique journalière et d'un travail incessant. Cette vérité vulgaire s'applique surtout aux plus hautes occupations de l'homme. Or, qui hésiterait à mettre en première ligne l'art militaire, ce boulevart de l'indépendance, cette sauvegarde de l'honneur, cette égide des provinces et de l'Empire? Jadis les Lacédémoniens, et après eux les Romains, l'ont cultivé à l'exclusion de toutes les autres sciences. Aujourd'hui encore les Barbares le considèrent comme la seule chose digne d'application, dans la certitude que cet art est le dispensateur suprême qui tient la clef de tout. Toujours est-il qu'il est indispensable au combattant, puisqu'avec la conservation de la vie il lui assure la victoire. Un général en chef qui renferme dans le cercle de ses attributions des pouvoirs aussi étendus, dont la loyauté et la bravoure sont responsables de la fortune des riches, de la garde des villes, de l'existence de ses soldats, de la gloire de l'Etat, doit vouer tous ses soins, je ne dis pas à l'ensemble de son armée, mais même à chacun des individus qui la composent. S'ils éprouvent une catastrophe, elle retombe sur lui et prend le caractère de lèse-nation. En conséquence si l'armée qu'il commande est jeune ou a depuis longtemps perdu l'habitude des armes, il étudiera soigneusement les forces, l'esprit, les habitudes de chaque légion, de chaque corps auxiliaire, de chaque compagnie à cheval. Il s'attachera, autant que possible, à connaître par leur nom comtes, tribuns, valets, soldats, en s'enquérant de leur aptitude respective. Il déploiera à l'appui de son autorité une sévérité rigoureuse, infligeant à chaque faute commise son châtiment légal, jaloux d'éviter le soupçon de partialité. En tout lieu, en toute circonstance il dirigera de ses conseils les premiers essais de ses troupes. Ces mesures indispensables étant prises, lorsque l'ennemi dispersé ne songe qu'à fourrager, c'est le cas de détacher contre lui des cavaliers ou des fantassins d'élite avec des conscrits ou des soldats de moindre valeur, afin de le battre en profitant de l'occasion ; ce qui développe l'habileté des uns et l'aplomb des autres. Si l'ennemi s'apprête à franchir des rivières, à gravir des monts escarpés, à traverser des défilés, des bois, des marais, des chemins creux, le devoir d'un général est d'agir par surprise; il réglera sa marche de manière à tomber sur son adversaire à l'heure des repas et du sommeil, quand plongé dans un tranquille loisir, sans armes ni équipement, ses chevaux à l'écart, il n'a aucune espèce de soupçons. Un engagement livré dans de telles conditions accroît singulièrement le courage des assaillants. Car des hommes qui depuis longtemps ou jamais n'ont assisté au spectacle des blessures et des massacres, à leur première vue frissonnent d'horreur et dans le désordre de l'épouvante pensent bien plus à fuir qu'à combattre. L'ennemi est-il en marche? on saisit pour l'attaquer le moment où il est épuisé par les fatigues d'une longue route, et l'on s'attache de préférence à son arrière-garde toujours moins préparée ; quant au bandes partielles qui s'écartent pour piller ou fourrager, on les fait prisonnières d'un coup de main. Mais il ne faut opérer qu'avec la perspective d'un dommage médiocre en cas d'échec; d'un avantage réel en cas de succès. Il est de la politique d'un général de semer des germes de discorde parmi l'ennemi. Aucune nation, tant minime soit-elle, ne peut succomber entièrement sous les efforts de la guerre si des dissentiments intérieurs ne conspirent à sa destruction ; or, les rivalités intestines mènent tout droit l'ennemi à sa perte, en paralysant ses moyens de défense. Ne nous lassons pas de le répéter : il ne faut point désespérer de pouvoir reproduire ce qui s'est fait déjà. On dira peut-être : Voici nombre d'années qu'une armée en campement ne s'entoure ni de fossés, ni de remblais, ni de palissades. Nous répondrons à cela : Si cette précaution avait eu lieu, l'ennemi dans ses surprises soit de jour, soit de nuit, aurait été constamment impuissant. Les Perses, à l'imitation des Romains, creusent des fossés autour de leurs camps, et comme leur pays est presque entièrement couvert de sable, ils portent des sacs vides qu'ils remplissent de la terre sablonneuse, provenant des tranchées, dont ils composent une gabionnade, en les amoncelant les uns sur les autres. Tous les Barbares, leurs chariots rangés en rond, sur le modèle d'un camp, passent les nuits exempts d'inquiétude. Craindrions-nous de ne pouvoir apprendre ce que d'autres ont appris de nous? C'est dans les livres qu'il faut puiser la connaissance des usages autrefois en vigueur; depuis leur désuétude nul n'en a tenu compte; dans la préoccupation exclusive des devoirs de la paix, les travaux de la guerre avaient été bannis. Quelques exemples prouveront qu'il n'est point impossible de faire revivre la discipline dont l'application s'est perdue. On a vu jadis l'art militaire tomber plus d'une fois dans l'oubli : les traditions écrites l'ont d'abord remis en lumière, puis l'autorité des généraux l'a rétabli. Scipion l'Africain reçut le commandement des armées d'Espagne qui, sous d'autres capitaines, avaient été battues à diverses reprises; il imposa des règlements d'une discipline sévère, et astreignit ses troupes à exécuter toute sorte de travaux, à creuser des fossés, allant jusqu'à dire que la boue des tranchées convenait à des hommes qui n'avaient pas voulu s'arroser du sang de l'ennemi. Le prix de ses efforts fut la conquête de Numance qu'il réduisit en cendres, avec tous ses habitants, sans en excepter un seul. Métellus, en Afrique, prit le commandement d'une armée qui, étant aux ordres d'Albinus, avait passé sous le joug; il sut l'améliorer si bien d'après les principes de l'ancienne discipline, qu'elle parvint plus tard à vaincre ceux-là mêmes de qui elle avait subi le joug. Autre citation : les Cimbres, dans les Gaules, venaient de détruire les légions de Cépion, de Manlius et de Silanus; Marius en recueillit les débris et les perfectionna tellement dans la pratique raisonnée de la guerre, qu'il tailla en pièces, en rase campagne, une foule innombrable de Cimbres accrue de Teutons et d'Ambrons. Or, il est plus facile d'inspirer le courage à des soldats neufs que de raffermir des troupes ébranlées.

CHAPITRE ONZIÈME.

PRÉCAUTIONS A PRENDRE LE JOUR D'UNE BATAILLE RANGÉE.

Analyse faite des moyens accessoires, l'enchaînement des instructions militaires nous amène à parler des hasards d'une rencontre générale, où, dans une journée, se décide le sort des nations et des peuples. Car c'est dans le dénouement d'une bataille rangée que réside la plénitude de la victoire. Dans cette circonstance, les généraux doivent déployer d'autant plus de zèle que la gloire promise au talent est plus éclatante, et que le péril qui accompagne l'incapacité est plus menaçant : là surtout triomphent l'habileté que donne l'expérience, la connaissance de la guerre, les inspirations du génie. C'était l'usage, anciennement, de faire prendre quelque nourriture aux soldats avant de les mener au combat; ce léger repas, en leur communiquant plus de vigueur, prévenait les défaillances qu'aurait pu produire un engagement prolongé. Règle générale, une armée, dans l'intention de combattre, ne débouchera point de l'enceinte d'un camp ou d'une place, en présence de l'ennemi, de peur que celui-ci, ayant toutes ses forces sous la main, ne profite du défilé partiel des troupes à travers l'étroite issue des portes, pour les écraser. On aura donc soin de faire sortir d'abord tous les soldats et de les ranger en bataille avant l'approche de l'ennemi. Si par hasard ce dernier arrivait sous les murs de la place que l'on occupe, sans qu'on ait eu le temps de le prévenir, il faudra différer la sortie ou bien la déguiser : l'ennemi, en effet, voyant de l'obstination à ne point sortir, commencera par prodiguer les insultes; ensuite, cédant au goût du pillage, au désir du retour, il rompra les rangs; c'est alors le moment de lancer sur lui des colonnes d'élite, qui l'attaqueront déconcerté et interdit. On se gardera de mettre en ligne, pour une action générale, des hommes fatigués d'une longue route et des chevaux exténués par la course. La lassitude des marches enlève au combattant presque toute son énergie : que faire quand on accourt sur le terrain haletant? Les anciens ont évité cet inconvénient; mais dans le siècle dernier, et même de nos jours, des généraux romains, dont l'impéritie, pour ne pas dire plus, n'en tint pas compte, ont perdu leurs armées. Certes, les conditions de la lutte sont loin d'être égales entre des troupes abattues, essoufflées, ruisselantes de sueur, et d'autres fraîches, vigoureuses, pleines d'élan.

CHAPITRE DOUZIÈME.

NÉCESSITÉ DE SONDER, AVANT LA BATAILLE, LES DISPOSITIONS MORALES DES TROUPES.

Le jour même qu'une bataille doit avoir lieu, examinez avec soin quels sont les sentiments qui animent les soldats. La confiance ou la crainte se lisent sur le visage, dans les paroles, dans la démarche, dans les mouvements. Ne vous fiez pas trop aux démonstrations belliqueuses des conscrits, car la guerre a de l'attrait pour ceux qui ne la connaissent pas; mais si les soldats aguerris redoutent le combat, c'est une preuve que vous devez le différer. Toutefois, les exhortations et les harangues d'un général développent le courage et la fermeté de son armée, surtout s'il lui fait comprendre qu'en acceptant la bataille elle gagnera aisément la victoire. Il étalera donc sous ses yeux la lâcheté et les fautes de l'ennemi. Si elle a remporté sur celui-ci quelque avantage, il le mentionnera; il ajoutera tout ce qui peut enflammer le soldat de colère et d'indignation et redoubler sa haine contre l'adversaire. Presque tous les hommes sont ainsi faits qu'ils tremblent au moment d'en venir aux mains ; mais chez quelques-uns, à vrai dire, la timidité est si grande que l'aspect seul de l'ennemi les déconcerte. Pour effacer cette impression, il est à propos, avant de combattre, de déployer souvent ses troupes dans des positions sûres, d'où elles s'habitueront à envisager et à connaître l'ennemi. De temps à autre, enhardies par l'occasion, elles mettront l'ennemi en fuite et lui feront essuyer des pertes ; elles se familiariseront ainsi avec ses armes, ses chevaux, ses usages. Or, la force de l'habitude dissipe la crainte.

CHAPITRE TREIZIÈME.

CHOIX D'UN CHAMP DE BATAILLE.

Un bon général doit savoir que le terrain qui sert de théâtre à la lutte influe singulièrement sur la victoire. Ainsi, avant de livrer bataille, cherchons d'abord à saisir une position avantageuse. La plus élevée est réputée la meilleure. En effet, les traits plongeants frappent avec plus de force, et les efforts dirigés d'en haut contre les assaillants acquièrent plus d'énergie ; tandis qu'à gravir une pente escarpée, on affronte le double obstacle de la position et de l'ennemi. Le choix du terrain se règle sur les circonstances. Si l'on compte sur son infanterie pour vaincre la cavalerie ennemie, on préférera des lieux abrupts, irréguliers, montueux; si, au contraire, on se base sur sa cavalerie pour triompher de l'infanterie ennemie, on adoptera des positions légèrement inclinées, si l'on veut, mais unies, spacieuses, dépourvues de bois et de marécages.

CHAPITRE QUATORZIÈME.

ORGANISATION D'UNE ARMÉE EN BATAILLE.

Avant de ranger une armée en bataille, il y a trois choses à prévoir : le soleil, le vent, la poussière. Le soleil en face éblouit; un vent contraire fait dévier les traits, amortit les coups et laisse tout l'avantage à l'ennemi; les nuages de poussière qui se répandent sur le front des troupes les aveuglent. Ces inconvénients, la médiocrité sait les éviter au moment même d'entrer en ligne; mais un général habile doit prendre ses mesures en prévision de l'avenir et faire en sorte que, dans le cours de la journée, le soleil, changeant de direction, ne lui soit préjudiciable, et que le vent, se levant à certaine heure, ne contrarie ses manœuvres. Il disposera donc ses rangs de manière à ce que le soleil et le vent les prenant à revers, arrivent droit, s'il se peut, sur le front de l'ennemi. On entend par armée en bataille une armée équipée et rangée en lignes; le front est le côté qui fait face à l'ennemi. En bataille, des lignes sagement ordonnées sont d'un très-grand secours; si leur disposition est vicieuse, quelle que soit la bravoure des combattants, elles seront rompues. Les règles de la tactique veulent au premier rang d'anciens soldats exercés, autrefois nommés les princes; au second rang, des archers couverts de cataphractes, et des soldats d'élite armés de lances et de javelines, que l'on désignait jadis sous le nom d'hastaires. Chaque homme occupe ordinairement, en ligne droite, un intervalle de trois pieds, de sorte que seize cent soixante-six fantassins s'allongent sur une surface de mille pas; le but de cet usage est de supprimer les vides dans la contexture des lignes, et de donner au combattant l'espace nécessaire pour manier ses armes. D'un rang à l'autre, on laisse une distance de six pieds, afin que les combattants aient la facilité de se mouvoir en avant et en arrière, car l'élan précipité de la course imprime plus de force au trait. La première et la seconde lignes se composent de soldats dans la vigueur de l'âge, éprouvés par l'expérience, et pesamment armés. Inébranlables comme une muraille, ils ne doivent jamais ni se replier, ni poursuivre, dans la crainte de mettre le désordre dans leurs rangs; leur destination est de recevoir le choc de l'ennemi, et, sans se déplacer, de le tenir à distance et de le repousser. Le troisième rang comprend les plus agiles fantassins, les jeunes archers et les soldats habiles à lancer le javelot, connus anciennement sous la dénomination de dardeurs. Le quatrième rang compte également les soldats les plus alertes parmi ceux qui portent le bouclier, les jeunes archers, les hommes les plus adroits au tir des javelines et des balles de plomb, qui autrefois appartenaient à l'infanterie légère. Tandis que les deux premiers rangs restent immobiles, le troisième et le quatrième abandonnent toujours la position qui leur a été assignée d'abord, pour harceler l'ennemi à coups de flèches et de traits. S'ils parviennent à le mettre en déroute, ils le poursuivent de concert avec la cavalerie;

mais si, au contraire, celui-ci a le dessus, ils se replient sur la première et la seconde ligne, qu'ils traversent pour reprendre leurs positions. La cinquième ligne était réservée généralement aux balistaires, aux arbalétriers, aux servants du fustibale et aux frondeurs. Les servants du fustibale lancent des pierres à l'aide d'un bâton de quatre pieds de long, au milieu duquel est attachée une fronde en cuir; on lui imprime des deux mains une impulsion qui, peu s'en faut, égale celle de l'onagre. Les frondeurs envoient des pierres au moyen d'une fronde de chanvre ou, ce qui vaut mieux, dit-on, de crin, en la faisant tourner avec le bras autour de la tête. Ceux qui n'avaient pas de bouclier combattaient, dans ce cinquième rang, soit en jetant des pierres avec la main, soit en lançant des traits : c'étaient tous des jeunes gens qui recevaient le titre d'aspirants, et ensuite celui de surnuméraires. Venaient en dernier lieu, au sixième rang, les soldats les plus robustes, revêtus du bouclier et munis d'armes de toute sorte. Les anciens les appelaient triaires. Ils prenaient position tout à fait en arrière des autres lignes, afin de ménager leurs forces et de pousser contre l'ennemi des charges vigoureuses, car chaque perte qu'essuyaient les premiers rangs trouvait dans cette réserve une prompte et complète réparation.

CHAPITRE QUINZIÈME.

DIMENSION DES LIGNES ET DES INTERVALLES QUI LES SÉPARENT.

A cet exposé de la distribution des lignes, je vais joindre l'indication des mesures géométriques qui en déterminent la formation. Une seule ligne contient seize cent soixante-six fantassins, et couvre une étendue de mille pas, en accordant à chaque homme trois pieds de terrain. Six lignes de cette dimension veulent un effectif de neuf mille neuf cent quatre-vingt-seize fantassins. En admettant qu'un pareil nombre soit disposé sur trois rangs, la longueur de chaque ligne sera de deux mille pas. Mais il vaut mieux former plusieurs lignes que de donner à ses troupes une trop grande extension. Nous avons dit que d'une ligne à l'autre il existe un intervalle de six pieds de large, sauf l'espace d'un pied qu'occupent les soldats dans le rang. Conséquemment, une armée de dix mille hommes, établie sur six lignes, garnira une surface large de quarante-deux pieds et longue de mille pas. En adoptant la disposition sur trois rangs, cette même armée se déploiera sur une largeur de vingt-et-un pieds et sur une longueur de deux mille pas. Ainsi, en faisant une application proportionnelle de ces mesures, vingt ou trente mille fantassins à ranger en bataille n'offriront pas la moindre difficulté; d'ailleurs, pour ne pas se tromper, un général commencera par se rendre compte de la quantité d'hommes qu'admet le terrain. On prétend qu'un étroit espace ou un effectif suffisant autorisent la formation de neuf lignes et même au-delà. Il est vrai qu'il est beaucoup plus avantageux de combattre réunis que dispersés, et qu'une ligne trop mince se brise au premier choc sans qu'on puisse y porter remède. Quant à la disposition des cohortes à droite, à gauche et au centre, elle est déterminée généralement par l'ordre hiérarchique, que l'on intervertit quelquefois en raison du genre d'ennemis auxquels on a affaire.

CHAPITRE SEIZIÈME.

DISPOSITION DE LA CAVALERIE.

Dès que l'infanterie est rangée en bataille, on place la cavalerie sur les ailes, en rapprochant des fantassins les cuirassiers et les piquiers, et en tenant à distance les archers et ceux qui n'ont pas de cuirasse. La grosse cavalerie a pour but de couvrir les flancs de l'infanterie, tandis que le rôle de la cavalerie légère est de se répandre sur les ailes de l'ennemi et de les désorganiser. Un général doit savoir quel sorte de cavaliers il faudra opposer aux différentes armes de son adversaire. Car en vertu de je ne sais quelle cause mystérieuse, je dirai même providentielle, ceux-ci réussissent mieux en bataille contre ceux-là, et souvent tels qui avaient terrassé de plus forts qu'eux ont succombé à leur tour devant de plus faibles. Si la cavalerie est insuffisante, on lui adjoindra, à l'imitation des anciens, des fantassins très-agiles, revêtus de boucliers légers et exercés sur le modèle de ceux qui portaient le nom de vélites. Grâce à cette disposition, aussi forte que soit la cavalerie ennemie, elle ne pourra lutter avec avantage contre cette troupe d'organisation mixte. Les anciens généraux, tous convaincus de l'excellence de cette mesure, exerçaient à la course les plus lestes des jeunes fantassins, qu'ils plaçaient séparément entre deux cavaliers, avec le bouclier léger, le glaive et les traits.

CHAPITRE DIX-SEPTIÈME.

RÔLE DES TROUPES DE RÉSERVE.

Une ressource essentielle et décisive consiste à mettre en réserve, derrière le corps principal de bataille, l'élite de l'infanterie et de la cavalerie, avec les substituts, les comtes et les tribuns honoraires, partie le long des ailes, partie autour du centre, afin que si l'ennemi redouble d'efforts pour se faire jour à travers les lignes, cette réserve puisse accourir instantanément, combler les vides et, par une énergique coopération, brider l'audace des assaillants. L'emploi d'un corps de réserve est dû aux Lacédémoniens ; les Carthaginois le leur empruntèrent, et depuis les Romains l'ont adopté dans toutes les circonstances.

On ne peut rien imaginer de mieux que cette tactique. Une ligne droite doit chercher uniquement à repousser l'ennemi et à le mettre en déroute. S'il s'agit de former le coin ou la tenaille, il est à propos d'avoir sous la main un surcroît de troupes destinées à cet usage; il en est de même pour former la scie, car en voulant déplacer les soldats en ligne, on produirait un désordre complet. Je suppose que le gros de l'ennemi vienne à menacer une de vos ailes ou toute autre partie de votre armée, si vous n'avez pas un excédant de forces à lui opposer, il vous faudra dégarnir les lignes d'infanterie ou de cavalerie, et cette diversion faite pour secourir les uns laissera les autres à découvert et gravement compromis. A défaut d'un effectif suffisant, il vaut mieux raccourcir ses lignes et se ménager ainsi une imposante réserve. Voici quelle en sera la disposition : des fantassins d'élite, parfaitement armés, se tiendront en arrière du centre, prêts à former le coin pour percer les lignes de l'ennemi; tandis que, le long des ailes, des cuirassiers et des piquiers à cheval, soutenus d'infanterie légère, chercheront à déborder ses flancs.

CHAPITRE DIX-HUITIÈME.

POSTES ASSIGNÉS AU GÉNÉRAL EN CHEF ET AUX GÉNÉRAUX SUBALTERNES.

Le général investi du commandement en chef se tient ordinairement à droite, entre la cavalerie et l'infanterie. C'est de là qu'il préside à tous les mouvements de la bataille et qu'il se porte en droite ligne et librement sur les différents points. Ce poste au milieu des deux armes lui permet encore de diriger à son gré cavaliers et fantassins, et de stimuler par son ascendant leur émulation. A l'aide d'escadrons supplémentaires mélangés d'infanterie légère, il visera sans cesse à tourner le flanc gauche de l'ennemi qui lui fait face, afin de le prendre à revers. Le général en second se place au centre de l'infanterie et veille au maintien de sa solidité. Il aura à sa disposition une réserve de fantassins vigoureux et bien armés, au moyen desquels il pourra former le coin pour percer le centre de l'ennemi, et, dans le cas où celui-ci aurait eu lui-même recours à cette manœuvre, il pourra former la tenaille pour lui résister. Le général en troisième ordre occupe la gauche; cette aile, dont la position mal assise rend le commandement difficile, exige de la prudence et de la résolution dans son chef. Celui-ci, avec une réserve d'excellents cavaliers et de fantassins très-agiles, étendra son aile le plus possible pour ne pas être enveloppé. Le cri de guerre, appelé barrit, ne doit être poussé qu'au moment où les deux armées se joindront. Crier de loin est le fait de l'inexpérience ou de la lâcheté : ce qui impressionne véritablement l'ennemi, ce sont les cris aigus qui accompagnent les coups. Attachez-vous généralement à ranger le premier votre armée en bataille ; vous serez libre alors de prendre telles dispositions que vous jugerez convenable ; en même temps vos troupes redoubleront d'ardeur, tandis que celles de votre adversaire perdront de leur assurance, car l'initiative de l'attaque est une marque de supériorité. A l'aspect des lignes qui s'organisent en face de lui, l'ennemi éprouve toujours un sentiment de crainte ; vous aurez de plus, en agissant ainsi, l'avantage inappréciable de vous trouver en mesure et de surprendre votre adversaire faisant ses dispositions avec une précipitation inquiète. Or, c'est presque vaincre que d'intimider l'ennemi avant l'action.

CHAPITRE DIX-NEUVIÈME.

MOYENS DE DÉCONCERTER EN BATAILLE LA BRAVOURE ET LES STRATAGÈMES DE L'ENNEMI.

Outre les surprises et les attaques brusques dont un général expérimenté ne néglige jamais l'à-propos, il se présente une foule d'occasions de combattre l'ennemi avec succès. Ainsi, lorsque les marches l'ont harrassé, que le passage d'une rivière divise ses forces, qu'il est embarrassé dans des marécages, hors d'haleine en gravissant des hauteurs, dispersé sans précaution dans la plaine, endormi au quartier, chacune de ces conjonctures, en maîtrisant son attention, provoque sa défaite, sans qu'il ait le temps de songer à la défensive. Mais si l'adversaire est assez prudent pour ne donner lieu à aucune démonstration semblable, les conditions de la lutte deviennent égales entre rivaux qui sont en présence, qui se tiennent sur leurs gardes, qui se mesurent des yeux. Quoi qu'il en soit, l'art de la guerre offre à ceux qui le possèdent des ressources non moins efficaces pour des hostilités franches que pour des embûches secrètes. Vous veillerez soigneucement à ce que votre aile gauche qui est plus exposée, et même votre aile droite qui l'est moins, ne soient pas débordées par la masse de l'ennemi ou par des détachements épars appelés dronges. Le seul remède en pareil cas consiste à replier votre aile en l'arrondissant, afin de couvrir vos derrières par cette conversion. L'angle décrit aux extrémités, étant le but ordinaire des plus fortes attaques, demande des soldats d'un courage à l'épreuve. On connaît un moyen sûr de résister à la manœuvre du coin. Le coin est une masse d'infanterie dont les rangs compactes très étroits sur leur front, s'élargissent graduellement : disposition qui, en faisant converger sur un seul point une grêle de traits, brise les lignes ennemies. A ce genre de tactique, que les soldats nomment la tête de porc, on en oppose un autre appelée la tenaille. Celle-ci se compose de soldats d'élite, rangés en forme de V majuscule ; elle reçoit le choc du coin, le serre sur ses deux faces et prévient ainsi la rupture des lignes. Ce qu'on entend par la scie est une ligne droite composée de braves, qui se déploient en avant de l'armée pour faciliter au besoin la réorganisation des lignes. Le peloton est un détachement emprunté au corps de bataille pour assaillir l'ennemi à l'improviste : on lui oppose un autre peloton plus nombreux ou plus aguerri. Il faut bien se garder, au début même de l'action, de vouloir intervertir les rangs ni transférer les cohortes d'une position dans une autre ; il en résulterait un trouble et une confusion inévitables, et une armée désunie, prise au dépourvu, donne libre carrière à l'ennemi.

CHAPITRE VINGTIÈME.

ORDRES DE BATAILLE. MOYENS DE REMPORTER LA VICTOIRE AVEC DES FORCES INFÉRIEURES.

On compte sept manières différentes de disposer les troupes en bataille rangée. Le premier ordre de bataille, adopté presque généralement aujourd'hui, consiste dans une armée carrée avec front allongé. Toutefois, à en croire les militaires expérimentés, cette tactique n'est pas la meilleure, car pour un développement de lignes aussi considérable, on ne rencontre pas toujours une plaine parfaitement unie, et pour peu que le terrain offre un pli ou un enfoncement, la ligne, en cet endroit, risque d'être forcée. En outre, si votre adversaire est supérieur en nombre, il débordera votre gauche ou votre droite, manœuvre de flanc très dangereuse si vous n'avez pas une réserve à lancer en avant pour soutenir l'attaque. Ce mode de bataille ne convient qu'au général qui possède le plus de bonnes troupes, afin d'envelopper l'ennemi sur ses deux ailes et de l'étreindre pour ainsi dire dans les bras de son armée. L'ordre oblique, qui vient en second lieu, est préférable sous plusieurs rapports. C'est ici que quelques braves avantageusement placés parviennent, en dépit de tous les efforts d'un ennemi puissant et nombreux, à remporter la victoire. Voici quel est ce mode d'opération : Je suppose que vos lignes soient prêtes à entrer en action, vous éloignez d'abord votre aile gauche de la droite de l'ennemi, en la mettant hors de la portée des flèches et des traits, puis vous rapprochez votre droite de sa gauche pour engager le combat, en ayant soin de détacher vos meilleurs cavaliers et fantassins contre cette même gauche qui vous fait face, dans le but de la tourner, et, à l'aide de vigoureuses manœuvres, de la prendre à revers. Sitôt que l'ennemi commencera à plier, vos troupes en le poursuivant compléteront la victoire, et la portion de votre armée, tenue en dehors de la bataille, n'aura couru aucun risque. Ce genre de tactique donne aux lignes la configuration d'un A majuscule ou d'un niveau d'ouvrier. Dans le cas où l'adversaire y aurait recours le premier, vous réunirez sur votre flanc gauche vos réserves d'infanterie et de cavalerie, dont nous avons indiqué la position en arrière du corps de bataille, et vous ferez mouvoir toutes vos forces pour ne pas être victime de cette combinaison de l'art. Le troisième ordre se rapproche du deuxième, avec cette différence désavantageuse que l'aile gauche opère contre la droite; car la gauche découverte manque de l'aisance et de l'aplomb nécessaires pour charger l'ennemi. Pour faire mieux comprendre ce mouvement, je l'explique : Vos principales forces sont-elles à gauche, joignez-y vos meilleurs cavaliers et fantassins, abordez le premier avec cette aile la droite de l'ennemi, et autant que possible hâtez-vous de l'ébranler et de la tourner. Quant a l'autre partie de votre armée qui renferme de moins bonnes troupes, vous la tiendrez à une grande distance de la gauche ennemie pour la dérober aux traits ou éviter un engagement corps à corps. Il faut bien prendre garde ici que l'ennemi formé en coin ne traverse et ne brise vos lignes. Du reste, ce plan n'est avantageux que dans le cas où la droite de l'adversaire se trouvant faible, la gauche offensive lui sera de beaucoup supérieure. Le quatrième ordre est celui-ci : lorsque votre armée est rangée en bataille, quatre ou cinq cents pas avant de joindre l'ennemi, vous portez brusquement, sans qu'il s'en méfie, vos deux ailes sur ses flancs; cette surprise occasionne une déroute qui détermine immédiatement la victoire. Avec des troupes vaillantes et exercées, cette manœuvre, il est vrai, peut amener une prompte réussite; toutefois, elle ne laisse pas d'avoir ses dangers, car elle oblige le centre à rester découvert et sépare l'armée en deux. Or, si du premier choc l'ennemi n'est point dompté, il aura à son tour l'avantage de fondre sur des ailes isolées et sur un centre privé d'appui. Le cinquième ordre est la reproduction du quatrième, avec cela de plus, que l'infanterie légère et les archers couvrent le front du centre et l'empêchent d'être enfoncé. En effet, par un mouvement simultané, votre droite se trouve aux prises avec la gauche de l'ennemi et votre gauche avec sa droite : si vous parvenez à le mettre en fuite, la victoire sera immédiate; dans le cas contraire, votre centre, en état de défense, ne soit point compromis. Le sixième ordre, le meilleur de tous, a beaucoup d'analogie avec le deuxième. On l'emploie quand on ne fonde aucun espoir ni sur le nombre ni sur la qualité de ses troupes, car en prenant bien ses dispositions, on peut, même avec un effectif très-limité, gagner le dessus. Au moment où vos lignes, rangées en bataille, s'avanceront contre l'ennemi, approchez votre aile droite de sa gauche, et lancez sur elle vos meilleurs cavaliers et vos plus agiles fantassins, pour entamer l'action. En même temps, éloignez le plus possible de votre adversaire la seconde partie de votre armée, que vous formerez en une seule colonne, droite comme une javeline. Quand celui-ci verra sa gauche chargée en flanc et en queue, incontestablement il se repliera. Sa droite et son centre ne pourront lui être d'aucun secours, paralysés qu'ils seront par la disposition de vos lignes rangées en forme d'I majuscule, et tenues à une grande distance hors de sa portée. Ce genre de combat se pratique souvent pendant les marches. Le septième ordre emprunte sa valeur des avantages du terrain. Là encore, un petit nombre de combattants, même inférieurs à tous égards, sont capables de résister, pourvu que vous ayez un de vos flancs appuyé à une position inaccessible à l'ennemi, telle qu'une montagne, la mer, un fleuve, un lac, une place forte, des marais, des ravins. Vous déployez en ligne droite le reste de votre armée, en ayant soin de placer tous les cavaliers et les dardeurs sur celle de vos ailes qui se trouve en l'air. Vous pourrez alors attaquer sans crainte et comme bon vous semblera, puisque vous serez couvert d'un côté par des retranchements naturels et de l'autre par une cavalerie dont l'effectif sera presque doublé. En somme, voici un conseil qu'on ne saurait trop suivre : que vous attaquiez par la droite ou par la gauche, garnissez toujours l'aile offensive de vos soldats les plus braves et les plus fermes; si au centre vous voulez former le coin pour enfoncer l'ennemi, employez à cette manœuvre les combattants les mieux exercés. La victoire est due souvent aux efforts d'une poignée d'hommes; l'essentiel est que le général fasse un choix judicieux de ses troupes et les distribue, sur le terrain, suivant l'ordre de bataille et la nécessité.

CHAPITRE VINGT ET UNIÈME.

FACILITER LA RETRAITE A L'ENNEMI POUR LE DÉTRUIRE PLUS AISÉMENT.

Beaucoup de gens qui ignorent la guerre s'imaginent que la victoire sera plus complète, si, à la faveur d'un défilé ou à l'aide de troupes nombreuses, on enveloppe l'ennemi de manière à lui fermer toute issue. Mais dans le désespoir que provoque une telle situation l'audace grandit, la terreur succède à l'espérance et met les armes à la main. On brave volontiers la mort quand on la sait inévitable. Aussi l'avis de Scipion, qui conseille d'ouvrir un passage à la retraite de l'ennemi, a été approuvé généralement. L'ennemi, en effet, libre de s'évader, songe uniquement à tourner le dos et se laisse égorger sans représailles comme un vil troupeau. Il n'y aura aucun danger à poursuivre des vaincus qui, au lieu de se défendre avec leurs armes, feront volte-face; et en agissant ainsi, plus une armée sera considérable plus ses masses en déroute mordront la poussière. La quantité n'est rien lorsque l'imagination du soldat, une fois frappée, le pousse à fuir le visage de son adversaire aussi bien que ses coups. Au surplus, une troupe ernée, en la supposant même faible et peu nombreuse, est toujours au niveau des assaillants, par cela seul qu'elle sait que tout est perdu et qu'elle ne voit d'autre parti possible que la résistance. Or,

Le salut des vaincus est dans leur désespoir.

CHAPITRE VINGT-DEUXIÈME.

COMMENT FAIRE POUR SE DÉROBER A L'ENNEMI, SI L'ON VEUT REFUSER LE COMBAT.

Après avoir passé en revue tout ce que l'art et l'expérience prescrivent pour la conduite à la guerre, il reste encore à indiquer les moyens de se dérober à l'ennemi. Aucune manœuvre, de l'aveu des plus savants militaires, n'entraîne autant de dangers que celle-là; car un général qui, au moment d'en venir aux mains, évacue le champ de bataille, ébranle le moral de ses troupes et rend l'adversaire plus entreprenant. Mais comme ce parti est souvent commandé par les circonstances, nous allons expliquer de quelle manière il faut s'y prendre pour agir avec sûreté. Avant tout, vous dissimulerez aux vôtres le caractère de la retraite, en leur donnant à croire que, s'ils s'éloignent, ce n'est point pour éviter le combat, mais avec l'intention calculée d'attirer l'ennemi vers une position qui permettra de le battre plus aisément, ou bien encore afin de dresser une embuscade sur son passage. Car des troupes, qui sentent que leur chef a perdu confiance, ne songeront qu'à fuir. Il faut prendre garde aussi que l'ennemi ne s'aperçoive de votre mouvement rétrograde et n'en profite pour fondre sur vous. C'est pour cela qu'anciennement on disposait, en avant de l'infanterie, un rideau de cavaliers qui, tenant l'ennemi en respect, lui masquaient le départ des fantassins. Chaque ligne, en commençant par la première, se repliait par sections et l'une après l'autre; les lignes correspondantes restaient immobiles jusqu'à ce que leur tour vînt de se réunir de la même manière aux troupes qui avaient défilé. Quelquefois, après une reconnaissance des routes, on mettait l'armée en marche pendant la nuit, pour que l'ennemi, au point du jour, se voyant devancé, perdît l'espoir de faire des prisonniers. En outre, on avait la précaution de garnir préalablement d'infanterie légère les hauteurs au bas desquelles l'armée précipitait sa retraite; en cas de poursuite, cette arrière-garde, maîtresse du terrain, et soutenue par de la cavalerie, faisait résistance. On prétend que rien n'est plus dangereux qu'une poursuite aveugle; elle expose ceux qui l'exécutent à être victimes soit d'une embuscade, soit de manœuvres qui les trouveront en défaut. C'est le cas ou jamais, pour l'armée en retraite, de tendre un piége à l'adversaire, enhardi par le succès et dès lors moins prévoyant. La mesure du péril est toujours en proportion du degré d'insouciance. Le vrai moment d'agir par surprise, c'est encore quand l'ennemi ne se tient pas sur ses gardes, à l'heure des repas, lorsqu'il est fatigué par la marche, que ses chevaux pâturent, en un mot chaque fois que son attention n'est point en éveil. Sachons éviter ces inconvénients, et n'oublions pas, dans l'occasion, de frapper l'adversaire d'un coup mortel : devant une surprise, le courage et le nombre sont également impuissants. En bataille rangée, si l'on est vaincu, quoique les ressources de l'art influent beaucoup sur le résultat, on peut alléguer pour sa justification l'inconstance de la fortune; mais quand on devient le jouet d'une embuscade ou d'une surprise, il n'y a pas d'excuse possible, car il était facile, en s'éclairant bien, de connaitre ces écueils et de les éviter. Voici un stratagème qui s'emploie ordinairement contre une armée en retraite : quelques escadrons suivent les fuyards à la piste; en même temps, un fort détachement part dans une autre direction, sans être vu. En abordant l'arrière-garde ennemie, la cavalerie fait de légères démonstrations d'attaque, puis elle disparaît. L'adversaire, se flattant de n'avoir plus rien à craindre, s'abandonne à une insouciance complète. Alors le détachement, qui a pris des chemins détournés, se montre brusquement et écrase tout. Généralement, quand on bat en retraite, si c'est à travers des bois, on a soin de faire occuper en avant les gorges et les défilés, pour prévenir toute embuscade, tandis qu'en arrière on intercepte les routes avec des troncs d'arbres et des branchages, autrement dire des abatis, pour ôter à l'ennemi la faculté de poursuivre. Les deux partis, chemin faisant, peuvent se tendre réciproquement des piéges. Le premier dressera, au fond d'une vallée ou sur le versant de montagnes boisées, une embuscade, à peu de distance de ses derrières; et dès qu'il aura vu l'ennemi s'y engager, il se rabattra vivement pour prêter main forte aux siens. Le second fera prendre à un détachement de troupes légères une route écartée, avec ordre de devancer l'ennemi, de lui barrer le passage, et de le serrer par cette manœuvre de front et en queue. La nuit, pendant que les hommes sommeillent, celui qui a le devant peut revenir sur ses pas, et celui qui suit, quelle que soit la distance à parcourir, peut fondre à l'improviste sur son adversaire. Au passage des rivières, les poursuivis cherchent à écraser la tête de colonne, que le courant sépare du gros de l'armée; les poursuivants, au contraire, en hâtant le pas, culbutent l'arrière-garde, qui n'a pas eu le temps d'opérer la traversée.

CHAPITRE VINGT TROISIÈME.

DE L'EMPLOI DES CHAMEAUX ET DE LA CAVALERIE BARDÉE DE FER.

Certains peuples de l'antiquité ont combattu avec des chameaux, et cet usage se retrouve aujourd'hui encore chez quelques nations de l'Afrique telles que les Uraliens et les Macètes. Ces animaux, dit-on, marchent aisément dans les sables, supportent la soif et suivent sans s'égarer, des routes obscurcies par les nuages de poussière que soulève le vent; mais à part l'étrangeté du coup-d'œil, leur utilité à la guerre est nulle. Les cataphractaires à cheval ont dans leur équipement un puissant abri contre les coups, j'en conviens, mais la pesanteur gênante de leur armure les expose à être pris, attendu qu'ils ont plus souvent à faire à des fantassins dispersés qu'à des cavaliers. Toutefois leur emploi en bataille est excellent, lorsqu'ils sont placés en avant des légions ou mêlés aux légionnaires, car dès que l'on en vient à se battre corps à corps, ils ont bientôt enfoncé l'ennemi.

CHAPITRE VINGT-QUATRIÈME.

MOYENS DE RÉSISTER EN BATAILLE AUX CHARS ARMÉS DE FAUX ET AUX ÉLÉPHANTS.

Les rois Antiochus et Mithridate ont fait usage à la guerre de chars armés de faux. Il en résulta d'abord une forte impression de terreur, puis on finit par en rire. En effet, un char armé de faux trouve rarement une plaine constamment unie; au moindre obstacle il s'arrête, un seul cheval tué ou blessé le désorganise. Mais ce qui a discrédité surtout ce genre d'armement, c'est le procédé des Romains. Avant l'action, nos soldats avaient soin de semer de chausse-trapes le champ de bataille sur toute son étendue; les attelages, emportés par la course, tombaient dans ces piéges, puis étaient détruits. La chausse-trape est un instrument de défense composé de quatre pointes, qui dans quelque sens qu'on le place, repose sur trois branches et présente la quatrième à l'ennemi. La taille prodigieuse des éléphants, leur effrayant barrit, leur forme étrange déconcertent sur le terrain hommes et chevaux. Le premier qui les conduisit contre une armée romaine fut le roi Pyrrhus, en Lucanie. Plus tard Annibal en Afrique, le roi Antiochus en Orient, Jugurtha en Numidie en possédèrent des masses. Pour les combattre on a imaginé différentes espèces d'armes. Ainsi en Lucanie, où un centurion coupa une trompe avec son glaive, on accouplait à un char des chevaux bardés de fer, montés par des cuirassiers qui dirigeaient de longues piques contre les éléphants. Devant ce rempart de fer, les archers que portaient ces animaux étaient impuissants, et les chevaux par leur vitesse échappaient aux dangers d'une charge.

En d'autres circonstances, on opposa aux éléphants des cataphractaires dont le casque, les bras et même les épaules hérissés de piquants de fer d'une certaine force, défiaient impunément la pression meurtrière de la trompe. Mais le principal obstacle que les anciens opposèrent aux éléphants fut le corps des vélites. Les vélites étaient de jeunes soldats armés à la légère, doués d'une grande souplesse physique, et d'une adresse rare à lancer des armes de jet à cheval. Caracolant d'abord autour de ces animaux, ils les tuaient à l'aide de larges lances ou de fortes javelines; puis, devenus plus hardis, ils marchèrent sur eux en colonne serrée, tous armés de javelots et autres projectiles qui les criblaient de blessures. On eut recours ensuite à un procédé moins dangereux; des frondeurs, avec le fustibale et la fronde, faisaient pleuvoir une grêle de pierres, tant sur les Indiens qui servent de cornacs aux éléphants que sur les tours dont ces animaux sont chargés; ce qui produisait un vrai carnage. Une autre combinaison encore était celle-ci : à l'approche des éléphants, les lignes menacées s'ouvraient d'elles-mêmes devant eux; arrivés au centre du corps de bataille, des pelotons armés les enveloppaient de toutes parts et les prenaient, avec leurs cornacs, vivants et sans blessure. Il est bon de placer en réserve des balistes d'une dimension supérieure à la forme ordinaire, afin d'obtenir une plus grande force projectile et une portée plus étendue; elles seront montées sur chariots, avec attelage de deux chevaux ou mulets, et quand les éléphants seront à une distance qui permettra de les atteindre, elles les perceront de coups. Il faut employer contre ces animaux une lame de fer assez large et assez solide pour que la blessure soit proportionnée à leur puissance corporelle. En énumérant les diverses manœuvres et les machines de guerre imaginées pour combattre les éléphants, nous avons voulu faire connaître, en cas de besoin, les moyens de résistance possibles contre ces animaux.

CHAPITRE VINGT-CINQUIÈME.

CONDUITE A TENIR POUR PARER A LA DÉROUTE PARTIELLE OU COMPLÈTE D'UNE ARMÉE.

Si une partie de l'armée a le dessus, tandis que l'autre partie est en déroute, il ne faut pas le moins du monde désespérer; car, dans cette situation, la fermeté du général peut encore remporter une victoire complète. Cela s'est vu mille fois à la guerre, et tous ceux qui n'ont point perdu confiance ont acquis de véritables titres de supériorité. A chances égales, le général réputé le plus fort est celui que les revers ne peuvent ébranler. En pareil cas, il devra donc réunir le premier les dépouilles de l'ennemi vaincu, prendre ainsi possession du terrain, et le premier encore proclamer sa conquête au son des trompes et par des cris triomphants. Ces manifestations, en redoublant le courage de ses troupes et la terreur de l'ennemi, produiront l'effet d'une victoire complète. Si par suite d'une catastrophe, l'armée tout entière est battue, sa défaite est grandement à redouter; néanmoins, on a vu souvent des capitaines réparer les disgrâces de la fortune, et, comme eux, on doit s'appliquer à découvrir un remède. Avant de livrer bataille, la prudence impose au général l'obligation de tenir compte des accidents de la guerre et de l'organisation humaine, afin d'aviser aux moyens de soustraire ses troupes aux conséquences d'un désastre. Des côteaux voisins, des ouvrages de défense établis en arrière, un détachement couvrant la retraite avec fermeté, voilà ce qui assure à un général le salut des siens. Souvent, une armée battue, réorganisant ses forces, est parvenue à détruire les troupes aventurées à sa poursuite; car, dans l'enivrement du succès, rien n'est plus dangereux pour le vainqueur que de voir tout d'un coup son orgueil converti en épouvante. Mais, quel que soit le dénouement d'une bataille, après avoir réuni les troupes qui ont survécu à une défaite, on relèvera leur moral par de chaleureuses exhortations, et on les disposera à reprendre les armes. Dans l'intervalle, on fait de nouvelles levées, on se procure de nouveaux renforts; puis, ce qui est d'un excellent secours, en sachant saisir l'occasion, on dirige contre les vainqueurs eux-mêmes, à l'aide d'embuscades, de vigoureuses attaques, qui rendront l'assurance aux assaillants. La présomption aveugle que le bonheur développe chez l'homme à un haut degré est un garant que l'occasion ne fera point défaut. Si vous croyez qu'un désastre est décisif, rappelez-vous bien que dans toutes les guerres, les premiers succès se sont prononcés le plus souvent contre ceux-là même qui devaient remporter ensuite les honneurs de la campagne.

CHAPITRE VINGT-SIXIÈME.

MAXIMES MILITAIRES.

Règle générale : à la guerre, tout ce qui est pour nous un avantage sera au préjudice de notre adversaire, comme tout ce qui favorise celui-ci nous sera nuisible. Ainsi donc, au lieu de consulter ses vues, avant de rien entreprendre, ne basons nos déterminations que sur un principe d'utilité personnelle. En imitant ce que l'adversaire aura fait de son côté, nous agirions contre nous, et réciproquement, chaque fois que celui-ci calquera sur notre conduite ses opérations, elles lui deviendront fatales.

En campagne, plus vous multipliez les grands'-gardes et plus vos soldats seront rompus aux exercices, moins vous aurez de dangers à courir.

N'exposez jamais en bataille des troupes que vous n'avez point éprouvées préalablement.

La disette, les surprises, la terreur sont des moyens de dompter l'ennemi préférables à un combat, où d'ordinaire la fortune joue un plus grand rôle que le courage.

Les meilleurs plans sont ceux que l'adversaire ne connaît qu'après leur exécution.

L'occasion, à la guerre, fait souvent plus que la valeur.

Si vos démarches pour séduire l'ennemi et l'attirer à vous rencontrent des esprits sincèrement disposés, soyez plein de confiance, car les transfuges affaiblissent l'adversaire beaucoup plus que ne le feraient ses morts.

Mieux vaut grossir en arrière le corps de réserve que d'éparpiller au loin ses troupes.

On est vaincu difficilement quand on possède une juste estimation de ses forces et de celles de l'ennemi.

Le courage fait plus que le nombre.

La position souvent fait plus que le courage

Peu d'hommes naissent courageux ; la plupart le deviennent sous l'influence d'une bonne direction.

Le travail est la vie d'une armée, l'inaction son déclin.

N'engagez jamais vos troupes en bataille, si elles n'espèrent pas la victoire.

L'imprévu déconcerte l'ennemi; les expédients ordinaires sont sans portée.

Quiconque poursuit sans précaution et à la déb...... de v..t rendre à son adversaire la victoire qu'il a obtenue.

Quiconque néglige le soin des **subsistances** sera vaincu sans coup férir.

Si l'on est supérieur en **nombre et en valeur**, on adoptera le premier **ordre de bataille**, qui est le front carré.

Si l'on se reconnaît inférieur, on abordera avec sa droite la gauche de l'ennemi, conformément au deuxième ordre.

Avec la majeure partie de ses forces à l'aile gauche, on attaquera l'aile droite de l'ennemi, d'après le troisième ordre.

Avec des troupes parfaitement exercées, on débutera par un mouvement simultané sur les deux flancs, comme le prescrit le quatrième ordre.

Avec une excellente infanterie légère, on garnira de dardeurs le front du centre, avant d'attaquer les deux ailes de l'ennemi, ainsi que le recommande le cinquième ordre.

Si, sans espoir ni dans le nombre, ni dans la bravoure de ses troupes, on se voit néanmoins obligé de combattre, on chargera avec sa droite la gauche ennemie, et on disposera le reste de ses forces en une seule colonne, droite comme une javeline, suivant le sixième ordre.

Si l'on est très-inférieur sous le rapport de la quantité et de la qualité des troupes, on pratiquera le septième ordre, qui consiste à se couvrir d'un côté par une montagne, une place forte, la mer, un fleuve, en un mot, par n'importe quelle position défensive.

Quand on compte sur la cavalerie, il faut choisir un terrain qui lui soit propice, et lui assigner la part principale dans les opérations.

Lorsque au contraire on se fonde sur l'infanterie, on lui procurera avec des positions avantageuses le rôle le plus important.

Un espion de l'ennemi circule-t-il en secret dans le camp? faites rentrer pendant le jour tous vos soldats sous leurs tentes, et saisissez-vous immédiatement de cet espion.

Un traître a-t-il dévoilé vos plans à l'ennemi? il vous faut en changer les dispositions.

Dans la discussion d'un projet, ne craignez pas la pluralité des avis; mais ne faites part de votre décision qu'à quelques conseillers fidèles, ou plutôt soyez à vous même votre seul confident.

En cantonnement, le châtiment et l'intimidation corrigent les soldats; en campagne, l'ambition et les récompenses les améliorent.

Les bons généraux ne livrent jamais de bataille sans que l'occasion ou une nécessité pressante ne les y obligent.

C'est une grande tactique que de savoir réduire son adversaire par la famine plutôt que par le fer.

Il y a bien des choses à dire sur la cavalerie; mais, comme cette arme est redevable de ses succès à l'habitude de l'exercice, à son équipement, à l'excellence de ses chevaux, je crois inutile de recourir aux anciens ouvrages, d'autant plus que la théorie professée actuellement est suffisante.

En laissant ignorer à l'ennemi votre ordre de bataille, il sera dans l'impossibilité de le combattre avec les ressources de l'art.

CONCLUSION.

Tel est, invincible empereur, le résumé des saines traditions de l'art militaire, que recommandent à la fois la sanction du temps et l'autorité de l'expérience. L'adresse de Votre Majesté au tir de l'arc fait l'admiration des Perses; sa réputation de brillant écuyer excite l'émulation des Huns et des Alains; son agilité à la course défie le Sarrasin et l'Indien; son habileté à l'escrime est un modèle dont les instructeurs eux-mêmes se félicitent d'être témoins. A tous ces talents vous ajouterez maintenant la connaissance des règles de la guerre, qui constituent l'art difficile de vaincre. C'est alors qu'au courage joignant le génie des grandes opérations, vous prouverez au monde que vous comprenez dans toute leur étendue les devoirs du général et ceux du soldat.

SOMMAIRE DU LIVRE QUATRIÈME.

I. Fortifications naturelles, artificielles, mixtes.
II. Murs d'enceinte à angles saillants.
III. Terre-pleins.
IV. Herses préservatives de l'incendie des portes.
V. Tranchées.
VI. Moyens de soustraire les assiégés à l'atteinte des flèches.
VII. Précautions à prendre pour garantir une place de la famine.
VIII. Mesures concernant la défense des remparts.
IX. Comment remplacer les cordes des machines.
X. Moyens d'assurer à une place l'alimentation de l'eau.
XI. Comment suppléer le sel.
XII. Comment repousser un assaut de vive force.
XIII. Machines destinées à l'attaque des places.
XIV. Tortues avec faux ou bélier.
XV. Mantelets, toits mobiles, terrasse.
XVI. Galeries d'approche.
XVII. Tours mobiles.

XVIII.	Incendie des tours mobiles.
XIX.	Surcroît d'élévation donné aux remparts.
XX.	Mines dirigées contre la tour mobile.
XXI.	Echelles, sambuque, pont-levis, toléno.
XXII.	Armes défensives, telles que baliste, onagre, scorpion, arbalète, fustibale, fronde.
XXIII.	Moyens de défense employés contre le bélier, tels que matelas, lacets, grappins, fûts de colonne.
XXIV.	Mines pour détruire les remparts ou faciliter l'invasion de la place.
XXV.	Conduite des assiégés lorsque l'ennemi s'est introduit dans la place.
XXVI.	Précautions contre une surprise de remparts.
XXVII.	Moyens de surprendre les assiégés.
XVIII.	Précautions des assiégeants contre une surprise.
XXIX.	Armes adoptées pour la défense des places.
XXX.	Expédients qui constatent la hauteur voulue des échelles et des machines.

VÉGÈCE

TRAITÉ DE L'ART MILITAIRE

LIVRE QUATRIÈME.

AVANT-PROPOS.

A L'EMPEREUR VALENTINIEN II.

A l'aurore des siècles, quand l'homme était borné à une vie rustique et grossière, la création des villes fut la première barrière qui le séparât du contact abrutissant et sauvage des animaux. La communauté d'intérêts groupa ces villes sous le nom de république. Aussi les princes, à la tête de puissantes nations, ont-ils mis leur principale gloire à fonder de nouvelles cités, ou à donner, avec un surcroît d'embellissement, leur nom à celles qui existaient déjà. Dans ce genre de travaux, auguste Empereur, Votre Clémence remporte la palme. La construction d'une ville ou deux a suffi à l'ambition de vos prédécesseurs, mais, grâce à votre vigilance, un labeur incessant a terminé l'achèvement d'une foule innombrable de cités, que l'on dirait moins bâties par la main des hommes que sorties de dessous terre par un décret de la Providence. Sagesse, pureté de mœurs, bonté exemplaire, amour des arts, ces vertus que le bonheur accompagne, vous placent au-dessus de tous ceux qui ont porté le diadème. Témoins d'un règne que dirigent avec tant de succès les inspirations de votre génie, nous jouissons des bienfaits que le siècle précédent appelait de tous ses vœux, et que l'avenir sera jaloux de voir se prolonger. Oui, grâce à Votre Majesté, tout l'univers s'applaudit d'un bien-être aussi complet que l'imagination de l'homme puisse le concevoir et les faveurs du ciel l'accorder. Votre Clémence attache une grande valeur aux fortifications. Je ne voudrais pour preuve de l'importance de ces travaux que l'exemple de Rome, qui jadis a été redevable à la citadelle du Capitole du salut de ses enfants, destinée qu'elle était, dans sa glorieuse carrière, à devenir un jour la maîtresse du monde. Pour complément de cet ouvrage entrepris sous les auspices de Votre Majesté, je vais donc expliquer par ordre, à l'aide de différents auteurs, quels sont les moyens qui nous mettront à même de défendre nos villes et de détruire celles de l'ennemi. L'intérêt général que ces recherches ont en vue excusera leur aridité.

CHAPITRE PREMIER.

FORTIFICATIONS NATURELLES, ARTIFICIELLES, MIXTES.

Les fortifications qui protègent une ville ou un fort sont naturelles, artificielles ou mixtes; ces dernières sont susceptibles d'une plus longue résistance. Des hauteurs escarpées que baignent la mer, des marais, des fleuves constituent les fortifications naturelles; des fossés et des remparts les fortifications artificielles. Dans le premier cas, il suffit de choisir avec intelligence la position la plus sûre; dans le second, on a recours aux talents de l'ingénieur. Nous voyons des places assises, depuis un temps immémorial, dans des plaines ouvertes, et qui malgré le désavantage des lieux, ont dû aux travaux de l'art de passer pour imprenables.

CHAPITRE DEUXIÈME.

MURS D'ENCEINTE A ANGLES SAILLANTS.

Les anciens se sont bien gardés de donner à leurs murs d'enceinte un développement droit, car ils les eussent exposés de la sorte aux coups du bélier. En jetant les fondations d'une ville, ils construisirent l'enceinte en redans dont les angles étaient couronnés par autant de tours. Grâce à ce système de construction, pour peu que les assaillants voulussent approcher des échelles ou des machines de guerre, ils se trouvaient enveloppés comme dans un cercle, de front, en flancs et à revers.

CHAPITRE TROISIÈME.

TERRE-PLEINS.

Pour qu'un rempart soit indestructible, voici ce que l'on fait : on construit, à l'intérieur, deux pans de murs, séparés l'un de l'autre par un intervalle de vingt pieds, dans lequel on rejette la terre extraite des tranchées, en ayant soin de la tasser avec la masse. Le premier pan est un peu moins haut que le rempart auquel il touche, et le second présente une différence d'élévation beaucoup plus prononcée, de sorte qu'à partir du niveau du sol, une pente douce, disposée pour ainsi dire en gradins, conduit les défenseurs jusqu'au-dessus des remparts. Des murailles que la terre consolide défient tous les efforts du bélier; si par hasard leur revêtement de pierres s'écroule, le terre-plein qui lui est adossé devient un nouveau rempart qui arrête les assiégeants.

CHAPITRE QUATRIÈME.

HERSES PRÉSERVATIVES DE L'INCENDIE DES PORTES.

Pour empêcher que les portes ne deviennent la proie des flammes, on les garnit ordinairement de cuir et de fer. Mais une précaution excellente, depuis longtemps connue, consiste à établir en avant des portes un petit ouvrage de défense, armé à la gorge d'une herse que l'on rend mobile au moyen de cordes et d'anneaux de fer, et qui s'abaisse sur les pas de l'ennemi pour l'emprisonner et le détruire. Au-dessus de chaque porte, on a soin de pratiquer dans la muraille des conduits pour l'écoulement des eaux que l'on jette en cas d'incendie.

CHAPITRE CINQUIÈME.

TRANCHÉES.

En avant des villes, on ouvre des tranchées d'une largeur et d'une profondeur telles que l'assiégeant ne puisse les niveler en les comblant, et que leur submersion arrête radicalement les mines qu'il creuse sous terre. La profondeur de ces tranchées et leur inondation sont deux obstacles qui paralysent les travaux souterrains.

CHAPITRE SIXIÈME.

MOYENS DE SOUSTRAIRE LES ASSIÉGÉS A L'ATTEINTE DES FLÈCHES.

Il est à craindre que les assiégeants, en déployant une masse d'archers, ne délogent les assiégés de dessus leurs remparts, et ne se rendent maîtres des murs en les escaladant. Pour parer à cela, la place doit être munie d'une grande quantité de cataphractes et de boucliers. D'une tour à l'autre on étend des étoffes de laine ou de bourre, contre lesquelles la flèche s'amortit, impuissante qu'elle est à traverser ces obstacles flottants et sans résistance. On a imaginé un autre moyen de défense dans la confection de caisses en bois remplies de pierres, qui se placent le long de la courtine, de telle façon que l'ennemi, en voulant escalader, pour peu qu'il les atteigne, fait rouler sur sa tête une grêle de pierres.

CHAPITRE SEPTIÈME.

PRÉCAUTIONS A PRENDRE POUR GARANTIR UNE PLACE DE LA FAMINE.

L'attaque et la défense des places embrassent une foule de moyens dont nous parlerons en leur lieu. Disons d'abord qu'il y a deux manières de conduire un siége. La première consiste à disposer préalablement des troupes dans des positions avantageuses, et à diriger un système d'attaque permanent contre les assiégés. La seconde, qui assigne à l'assiégeant un rôle presque inactif, a pour but de lasser la résistance de l'adversaire et de l'amener à se rendre, en l'affamant par le manque d'eau et de vivres. Devant ces éventualités, les habitants menacés d'un siége se hâteront de rassembler dans leurs murs toute sorte de substances alimentaires, afin d'être abondamment pourvus et d'obliger l'ennemi vaincu par la disette à se retirer. On aura soin de saler non-seulement la viande de porc, mais encore toutes les têtes de bétail qu'on ne pourra conserver debout; ces provisions, ajoutées aux céréales, prolongeront la durée des rations. La volaille, dont la nourriture n'exige aucuns frais, sera réservée aux malades. Il faut réunir le plus de fourrage possible pour les chevaux, et brûler celui qu'on ne pourra transporter. Vin, vinaigre, légumes, fruits, il faut s'approvisionner de tout, et ne rien laisser à l'ennemi qui puisse lui être de quelque usage. Il n'est pas jusqu'aux jardins, vergers ou enclos voisins des habitations qui ne fournissent des produits aussi utiles qu'agréables. Toutefois, de nombreux approvisionnements n'offriront qu'un avantage médiocre si, dès le principe, des intendants économes ne les administrent avec une sage distribution. La sobriété dans l'abondance a toujours été un préservatif certain des rigueurs de la famine. Souvent la rareté des subsistances a été un motif d'exclure de la place les femmes, les vieillards et les enfants, afin de ne pas affamer les troupes vouées à la défense des murs.

CHAPITRE HUITIÈME.

MESURES CONCERNANT LA DÉFENSE DES REMPARTS.

Pour mettre le feu aux machines de l'ennemi, on doit préparer d'avance du bitume, du soufre, de la poix liquide et de l'huile inflammable; pour la fabrication des armes, on réserve du fer, de l'acier, du charbon et des bois convenables pour flèches et javelines. Il faut ramasser une grande quantité de cailloux de rivières, qui, en raison de leur pesanteur et de leur rotondité, sont d'un emploi commode et avantageux; on en garnira les remparts et les tours. Les petits se lancent avec la fronde et le fustibale ou à la main; les gros avec l'onagre. Ceux qui, malgré leur volume, peuvent être maniés avec aisance, sont disposés le long du parapet, dans le double but d'écraser sous leur chute les assaillants et de briser les machines. On fabrique en bois vert des roues de grande dimension, ou bien encore des rouleaux, appelés billots, formés d'énormes troncs d'arbres que l'on arrondit pour plus de mobilité; ces objets, précipités violemment et à l'improviste sur les combattants, les renversent et jettent le désordre parmi les chevaux. Il est bon d'avoir sous la main des madriers, des planches et des clous de différentes grandeurs. Car aux machines des assiégeants, les assiégés opposent ordinairement les leurs, surtout quand il s'agit d'accroître tout d'un coup, par des ouvrages, l'élévation des murs et des parapets, dans la crainte que l'adversaire, à l'aide de ses tours mobiles dominant la place, ne parvienne à s'en emparer.

CHAPITRE NEUVIÈME.

COMMENT REMPLACER LES CORDES DES MACHINES.

On n'oubliera pas de réunir une ample provision de cordes à boyau, indispensables au jeu de l'onagre, de la baliste et autres machines. Les crins provenant de la queue et de la crinière du cheval sont excellents, dit-on, pour cet usage. Toujours est-il que la chevelure des femmes peut s'employer avec succès en pareil cas, à en juger par ce qui s'est fait à Rome dans une pressante nécessité. Pendant le siége du Capitole, le matériel, à force de servir, s'était détérioré; les cordes manquaient complètement, quand les femmes imaginèrent de couper leurs cheveux et de les offrir, pour les besoins de la défense, à leurs époux; immédiatement les machines, remises en état, repoussèrent les efforts des assaillants. Elles préférèrent, ces chastes épouses, acheter au prix d'une difformité passagère l'indépendance avec leurs maris, plutôt que d'obéir en esclaves à l'ennemi dans tout l'éclat de leur beauté. Il est important de s'approvisionner également de corne et de cuir brut, pour garnir les cataphractes et autres armes défensives et faciliter la réparation des machines.

CHAPITRE DIXIÈME.

MOYENS D'ASSURER A UNE PLACE L'ALIMENTATION DE L'EAU.

C'est un grand avantage pour une ville que de posséder des fontaines intarissables. A défaut de ce présent de la nature, on creusera des puits plus ou moins profonds d'où l'on extraira l'eau à l'aide de cordes. S'il s'agit de forteresses assises dans des positions très-élevées, sur des rochers ou des montagnes, on cherche les sources qui existent dans la plaine au bas des retranchements, et en lançant des flèches du haut des parapets et des tours, on en maintient le libre accès. Si la source, quoique dans le voisinage de la place, se trouve hors de la portée des traits, il est à propos d'établir un petit ouvrage intermédiaire armé de balistes et pourvu d'archers, afin de pouvoir disputer à l'ennemi la possession de l'eau. En outre, dans chaque édifice public et dans plusieurs maisons particulières, on a soin de creuser des citernes destinées à servir de réservoirs aux eaux pluviales qui s'échappent des toits; car il est rare de succomber dans un siège quand, avec une mince quantité d'eau, on en a suffisamment pour se désaltérer.

CHAPITRE ONZIÈME.

COMMENT SUPPLÉER LE SEL.

Lorsque dans une place maritime le sel vient à manquer, on prend de l'eau de mer que l'on verse dans des vases larges et creux, et qui exposée à un soleil ardent, se cristallise en sel. Si l'ennemi (comme cela s'est vu souvent) interdit l'usage de cette eau, on recueille le sable que la mer agitée rejette sur la grève et on le baigne dans une eau douce, que le soleil vaporise et transforme également en sel.

CHAPITRE DOUZIÈME.

COMMENT REPOUSSER UN ASSAUT DE VIVE FORCE.

Quand on se dispose à emporter d'assaut de prime-abord une forteresse ou une ville, il y a de part et d'autre réciprocité de dangers; toutefois les assaillants courent le risque d'une plus grande effusion de sang. L'armée assiégeante se déploie avec un appareil formidable; les trompettes sonnent, les hommes poussent des cris; tout cela pour décider à force de terreur la reddition de la place. Or, comme la crainte a beaucoup d'empire sur l'inexpérience, si les assiégés n'ont pas l'habitude des combats, un premier choc les déconcerte, et la ville est escaladée. Mais si leur fermeté ou leur savoir militaire triomphe d'un premier assaut, leur confiance s'enhardit tout d'un coup, et, pour les soumettre, ce n'est plus la terreur qu'il faut employer, mais toute la puissance de l'art unie à la force.

CHAPITRE TREIZIÈME.

MACHINES DESTINÉES A L'ATTAQUE DES PLACES.

Les machines que l'on fait mouvoir contre une place sont : la tortue, le bélier, la faux, le mantelet, le toit mobile, la galerie d'approche et la tour. J'expliquerai successivement leur mode de construction, leur emploi à la guerre et la manière de leur résister.

CHAPITRE QUATORZIÈME.

TORTUE AVEC FAUX OU BÉLIER.

La tortue se compose d'une charpente en bois garnie de planches, que, dans la crainte du feu, l'on revêt de cuir, de bourre ou de centon. Elle renferme intérieurement une poutre armée d'un grappin de fer, auquel sa forme recourbée a fait donner le nom de faux, et qui sert à arracher les pierres des murailles; quelquefois cette poutre présente à son extrémité une masse de fer appelée bélier, soit à cause de la dureté de son front, qui sert à battre les remparts, soit parce qu'à l'exemple du bélier, elle fait un mouvement en arrière pour frapper des coups plus vigoureux. L'ensemble de cette machine emprunte sa dénomination de sa ressemblance avec une vraie tortue, car, de même que cet animal a la propriété d'avancer la tête et de la retirer, cette machine ramène la poutre tantôt en arrière, tantôt en avant, pour imprimer au choc plus d'impétuosité.

CHAPITRE QUINZIÈME.

MANTELETS, TOITS MOBILES, TERRASSE.

Ce qu'on entendait autrefois par mantelet est connu de nos jours, dans les camps, sous la dénomination vicieuse de chapeau. C'est un assemblage de bois minces, haut de huit pieds, large de sept, long de seize. La partie supérieure se compose d'une double couverture de planches et de claies. Les côtés se garnissent également d'osier pour être garantis du choc des pierres et des traits. La partie extérieure, dans l'appréhension du feu, se recouvre de peaux brutes, fraîchement dépecées, ou de centon. Ainsi se font les mantelets ; on en réunit plusieurs sur une même ligne, et les assiégeants, sous la protection de cet abri, pénètrent jusqu'au pied des murs pour les saper. Le toit mobile est un tissu d'osier en forme de voûte, revêtu de bourre et de cuir, et rendu mobile au moyen de trois rouleaux, dont l'un se place au milieu, les deux autres à chaque extrémité, ce qui permet de le diriger à volonté comme un char. Les assiégeants le joignent aux remparts, et là, ils dirigent impunément contre les parapets flèches, frondes, projectiles, pour en chasser les défenseurs et faciliter l'escalade. La terrasse est une élévation de terre et de bois que l'on dresse contre les murailles, et du haut de laquelle on lance des traits.

CHAPITRE SEIZIÈME.

GALERIES D'APPROCHE.

Les galeries d'approche sont de petites machines à l'abri desquelles les assaillants arrachent les pieux des retranchements; ils s'en servent encore sous les murs d'une place pour combler les fossés avec des pierres, du bois ou de la terre, de manière à frayer un solide passage aux tours mobiles dirigées contre les remparts. Elles tirent leur nom d'un poisson de mer qui, malgré l'exiguité de sa taille, prête à la baleine une assistance de tous les instants. A l'exemple de ce phénomène, ces petites machines précèdent des tours énormes, leur préparent les voies et aplanissent devant elles tous les obstacles.

CHAPITRE DIX-SEPTIÈME.

TOURS MOBILES.

Les tours sont des espèces de bâtiments, faits de planches et de chevrons, que l'on recouvre soigneusement de cuir et de centon, pour les préserver du feu de l'ennemi. Leur largeur est déterminée par la hauteur; elles ont sur chacune des quatre faces quelquefois trente, souvent quarante et même cinquante pieds. Leur élévation se mesure non sur celle des remparts, mais d'après les tours en maçonnerie qu'elles doivent dominer. Un mécanisme ingénieux dispose sous ces machines plusieurs roues, dont le mouvement rapide entraîne malgré leur pesanteur ces masses colossales. Une place est gravement compromise lorsque la tour est parvenue à joindre ses murailles. Cette machine, indépendamment d'un grand nombre d'échelles, possède un arsenal complet d'instruments d'attaque. Dans le bas est un bélier qui sape les remparts; au milieu est assujetti un pont, composé de deux poutrelles entrelacées d'osier, qui s'abaisse en un clin d'œil entre la tour et le parapet, et facilite aux assaillants que renferme la machine l'entrée de la place et l'occupation des murs. En même temps dans le haut se tiennent des piquiers et des archers qui, avec l'avantage de la position, renversent les défenseurs de la place à coups de piques, de javelots et de pierres. A la faveur de ce mode d'opération, une ville est prise sans délai. Quelle ressource, en effet, reste-t-il aux assiégés, quand leur espoir, fondé sur l'élévation de leurs murs, s'efface devant un rempart d'où l'ennemi apparaît tout à coup au-dessus de leurs têtes?

CHAPITRE DIX-HUITIÈME.

INCENDIE DES TOURS MOBILES.

Toutefois, il existe plusieurs moyens de prévenir le danger dont je viens de parler. Premièrement, si la garnison est ferme et résolue, on fait une sortie un détachement marche à l'ennemi et, après l'avoir culbuté, arrache le cuir qui enveloppe les vastes flancs de la tour et y met le feu. Si les assiégés ne se sentent pas le courage d'exécuter une sortie, on lance, à l'aide de grosses balistes, des projectiles incendiaires, tels que malléoles et falariques, qui ont pour effet de percer le cuir ou le centon, et d'introduire la flamme dans l'intérieur de la machine. Les malléoles sont des flèches enflammées qui, en se fixant, propagent un incendie général. La falarique est une espèce de javeline armée d'une large pointe de fer; autour de la hampe sont enroulées des étoupes contenant du soufre, de la résine, du bitume et imbibées d'huile inflammable. Ce projectile, lancé avec force par la baliste, déchire les enveloppes de la tour, pénètre le bois, l'enflamme et souvent réduit en cendres la machine entière. Un autre moyen consiste encore à descendre avec des cordes des hommes qui, pendant que l'ennemi sommeille, portent de la lumière dans un fanal, mettent le feu aux machines et reviennent se faire hisser sur le rempart.

CHAPITRE DIX-NEUVIÈME.

SURCROIT D'ÉLÉVATION DONNÉ AUX REMPARTS.

Indépendamment de ces mesures, la partie de l'enceinte que les assaillants ont choisie comme but de leurs efforts, acquiert un surcroît d'élévation, au moyen de moëllons, de pierres, de briques, de terre glaise, voire même de planches, pour éviter que les défenseurs des murailles ne soient écrasés d'en haut à l'approche de la tour. Il est prouvé que cette machine devient impuissante si elle se trouve placée plus bas que le rempart. Or, voici un stratagème qu'emploient communément les assiégeants : ils construisent une tour qui, de prime-abord, semble moins élevée que le parapet de l'enceinte; mais cette tour, à l'intérieur, en contient une autre plus petite, faite en planches, qui, aussitôt que la machine a touché le rempart, apparaît brusquement, soulevée par des moufles et des cordes; elle ouvre passage aux assaillants, et comme ceux-ci ont pour eux l'avantage de la position, la ville est prise immédiatement.

CHAPITRE VINGTIÈME.

MINES DIRIGÉES CONTRE LA TOUR MOBILE.

On se sert quelquefois de longs madriers garnis de fer pour repousser les approches de la tour et la tenir à distance des remparts. Voici comment, au siége de Rhodes, le génie de l'art sut combattre une tour mobile en préparation qui menaçait de dominer la hauteur des murailles et des tours. La nuit on creusa une mine sous les fondations du rempart; une profonde cavité fut pratiquée sous terre, sans que l'ennemi s'en doutât, à l'endroit même où la tour devait s'avancer le lendemain; quand cette masse colossale arriva, de toute la vitesse de ses roues, sur le terrain miné intérieurement, le sol s'affaissa sous l'énormité de son poids et l'entraîna dans sa chute. Dans l'impossibilité de la joindre aux remparts ou de la ramener en arrière, cette machine fut délaissée, et la place obtint sa délivrance.

CHAPITRE VINGT ET UNIÈME.

ÉCHELLES, SAMBUQUE, PONT-LEVIS, TOLÉNO.

Dès que les assaillants ont approché du rempart la tour mobile, c'est à qui délogera l'ennemi, les frondeurs à coups de pierres, les archers et les arbalétriers avec des flèches, les tireurs au moyen de javelines et de balles de plomb, après quoi l'on applique les échelles et la place est occupée. Mais l'escalade est une opération le plus souvent dangereuse, ainsi que le prouve l'exemple de Canapée, qui passe pour l'inventeur de ce genre d'assaut; on sait que les Thébains lui portèrent tant de coups mortels qu'on le crut écrasé par la foudre. Aussi les assiégeants, pour envahir les remparts, ont-ils recours à la sambuque, au pont-levis et au toléno. La sambuque est ainsi nommée à cause de sa ressemblance avec une harpe. A l'imitation de cet instrument à cordes, un madrier fixé contre la tour contient des câbles qui, à l'aide de moufles, détachent le pont d'en haut, l'abaissent sur le parapet et ouvrent passage aux assaillants, qui aussitôt se précipitent sur les remparts. Le pont-levis est celui dont nous venons de parler, que l'on fait retomber brusquement de la tour mobile sur la courtine. Le toléno est une poutre, enfoncée en terre à une certaine profondeur, au sommet de laquelle se place transversalement et par le milieu une seconde poutre plus longue, maintenue en équilibre, de telle sorte que l'une de ses extrémités s'élève à mesure que l'autre se baisse. A l'un des bouts, on construit en osier ou en planches un ouvrage dans lequel se placent quelques hommes armés; en ramenant fortement à soi, au moyen de cordes, l'extrémité opposée, on les hisse jusque sur le rempart.

CHAPITRE VINGT-DEUXIÈME.

ARMES DÉFENSIVES, TELLES QUE BALISTE, ONAGRE, SCORPION, ARBALÈTE, FUSTIBALE, FRONDE.

Les moyens de défense qu'opposent les assiégés à ces divers genres d'attaque sont : la baliste, l'onagre, le scorpion, l'arbalète, le fustibale, la flèche et la fronde. La baliste se meut à l'aide de cordes à boyaux fortement tendues; plus ses branches sont longues, c'est-à-dire plus elle est grande, plus les javelines qu'elle lance vont loin. Entre les mains d'hommes exercés qui connaissent sa portée et savent l'ajuster d'après les lois de la mécanique, rien ne résiste à ses coups. L'onagre sert au jet des pierres; le volume du projectile est déterminé par la grosseur et la longueur des cordes; fait dans de vastes proportions, l'onagre lance des blocs de pierre avec la rapidité de la foudre. En fait de balistique, on n'a rien imaginé qui surpasse la puissance de ces deux machines. Le scorpion est l'arbalète d'aujourd'hui; cette dénomination première lui vient de ce qu'il donne la mort au moyen de javelines courtes et minces. Je crois inutile de décrire le fustibale, l'arbalète et la fronde qu'un usage journalier fait connaître suffisamment. Ajoutons encore que les grosses pierres lancées par l'onagre, meurtrières pour les hommes et les chevaux, détruisent également les machines de l'ennemi.

CHAPITRE VINGT-TROISIÈME.

MOYENS DE DÉFENSE EMPLOYÉS CONTRE LE BÉLIER, TELS QUE MATELAS, LACETS, GRAPPINS, FUTS DE COLONNE.

On connaît plusieurs manières de résister au bélier et à la faux. Les uns suspendent à des cordes des matelas et des centons, dont ils recouvrent les endroits menacés, afin d'amortir les coups à l'aide de ce rideau impénétrable et d'empêcher l'écroulement des murailles. D'autres saisissent le bélier avec des lacets, l'attirent obliquement à eux, du haut des remparts, à force de bras, et le brisent ainsi que la tortue qui le renferme. Le plus souvent, au moyen d'un loup, c'est-à-dire un grappin de fer dentelé en forme de tenaille, on s'empare du bélier, que l'on détourne du but ou que l'on tient suspendu de manière à paralyser ses coups. Quelquefois des colonnes de marbre, des piédestaux lancés avec violence du haut des remparts sur le bélier le font voler en éclats. Si l'attaque a été conduite avec tant de vigueur que le mur, battu en brèche, menace de s'écrouler (accident assez fréquent), la dernière ressource des assiégés est de démolir leurs maisons pour construire à l'intérieur un second mur, afin d'acculer l'ennemi entre ces deux clôtures, s'il ose s'y hasarder.

CHAPITRE VINGT-QUATRIÈME.

MINES POUR DÉTRUIRE LES REMPARTS OU FACILITER L'INVASION DE LA PLACE.

Un autre genre d'attaque invisible consiste à pratiquer sous terre ce qu'on appelle une mine, à l'imitation du terrier que creuse le lièvre pour faire son gîte. On applique à cette opération le moyen ingénieux des Besses dans l'exploitation de leurs mines d'or et d'argent. Les assiégeants, à force de bras et de travaux, ouvrent contre la place une galerie souterraine qui doit en déterminer la prise. Ce stratagème s'exécute de deux manières. Ainsi, l'assiégeant se glisse quelquefois jusque dans l'intérieur de la ville, y pénètre la nuit sans être aperçu, puis, à l'aide d'une issue faite dans sa mine, ouvre les portes à son corps d'armée et profite de la surprise de l'ennemi pour le détruire dans ses propres foyers. L'autre expédient des assiégeants est celui-ci : parvenus aux fondations des remparts, ils y font une large brèche, et, pour retarder l'éboulement, ils fixent par-dessous des supports temporaires de bois très-sec auxquels ils ajoutent des sarments et d'autres matières inflammables. Aussitôt que les troupes sont prêtes pour l'assaut, on met le feu à cette charpente souterraine qui, en se consumant, entraîne la chute des remparts et décide l'ouverture de la place.

CHAPITRE VINGT-CINQUIÈME.

CONDUITE DES ASSIÉGÉS LORSQUE L'ENNEMI S'EST INTRODUIT DANS LA PLACE.

Une foule d'exemples attestent que l'ennemi, après avoir envahi la place, a essuyé plus d'une fois un massacre général. Ce résultat est infaillible, si les assiégés ont soin de rester en possession des murailles, des tours et de tous les postes élevés. En même temps, la population entière, sans acception d'âge ni de sexe, se porte aux fenêtres et sur les toits, d'où elle écrase les assaillants à coups de pierres et avec toute espèce d'armes de jet. Et pour ôter à l'ennemi l'idée de la défensive, on a soin de tenir ouvertes les portes de la ville, ce qui, en lui permettant de fuir, fait cesser sa résistance. Car la nécessité inspire au courage l'audace qui naît du désespoir. En pareil cas, la seule ressource des assiégés consiste à garder à toute heure du jour et de la nuit les murailles et les tours et à occuper les positions dominantes, afin que si l'ennemi se montre ils puissent accabler de toutes parts les assaillants répandus dans les rues et sur les places.

CHAPITRE VINGT-SIXIÈME.

PRÉCAUTIONS CONTRE UNE SURPRISE DES REMPARTS.

Voici la ruse qu'emploient fréquemment les assiégeants : ils feignent le découragement et s'éloignent à une certaine distance de la place ; dès qu'ils s'aperçoivent que les factionnaires du rempart ont évacué leurs postes et qu'à la crainte a succédé une sécurité trompeuse, ils profitent de l'obscurité de la nuit pour se rapprocher sans bruit et escalader les murailles. Aussi doit-on redoubler de vigilance quand l'ennemi s'est retiré, et ne pas craindre d'établir sur les remparts et au-dessus des tours de petits réduits, où les gardes seront abrités l'hiver contre la pluie et le froid, et l'été contre les ardeurs du soleil. On a même imaginé de nourrir dans les tours des chiens pleins d'ardeur et de sagacité qui devinent en flairant l'approche de l'ennemi, et la signalent par leurs aboyements. On sait que les oies ne sont pas moins habiles à démasquer par leurs cris les surprises nocturnes. Quand les Gaulois envahirent la citadelle du Capitole, le nom romain allait être détruit si Manlius, réveillé par le cri de l'oie, ne leur eût tenu tête. Rare prévoyance ou plutôt faveur éclatante de la fortune qui a voulu que ces mêmes hommes, appelés à subjuguer l'univers, eussent pour sauveur un faible oiseau !

CHAPITRE VINGT-SEPTIÈME.

MOYENS DE SURPRENDRE LES ASSIÉGÉS.

Règle générale : dans les siéges et même dans toute espèce de guerre, on doit chercher soigneusement à se rendre compte des habitudes de l'ennemi. Comment, en effet, saisir l'occasion de tendre des embûches si l'on ne connaît pas les heures où l'adversaire, distrait de ses travaux, se tient moins sur ses gardes. L'instant propice se présente tantôt au milieu de la journée, tantôt le soir, souvent la nuit, ou au moment des repas, en un mot, chaque fois que des deux côtés les troupes se reposent ou vaquent aux nécessités de la vie. L'une de ces circonstances vient-elle à se produire dans la place, les assiégeants dérobent à dessein leurs préparatifs d'attaque pour laisser s'accroître l'insouciance de l'ennemi, et quand à la faveur de l'impunité cette insouciance est devenue complète, ils approchent leurs machines, appliquent les échelles et s'emparent de la ville. Aussi a-t-on soin d'établir, à tout hasard, sur les murailles, un approvisionnement de pierres et de projectiles que les assiégés, au premier bruit d'une surprise, trouvent sous leurs mains et font pleuvoir sur l'ennemi.

CHAPITRE VINGT-HUITIÈME.

PRÉCAUTIONS DES ASSIÉGEANTS CONTRE UNE SURPRISE.

La négligence des assiégeants les expose à de pareilles embûches. Ainsi, quand les repas, le sommeil ou tout autre besoin divise leurs forces et absorbe leur attention, les assiégés font une brusque sortie, massacrent l'ennemi déconcerté, mettent le feu aux béliers, aux machines, même aux terrasses, et bouleversent tous les ouvrages dirigés contre eux. Dans cette appréhension, les assiégeants ouvrent, hors de la portée du trait, une tranchée avec retranchements palissadés et garnis de tourelles, pour résister aux sorties de la place. Ce genre d'ouvrage se nomme contrevallation. Souvent chez les historiens, dans la description d'un siége, on lit que telle ville fut entourée d'une ligne de contrevallation.

CHAPITRE VINGT-NEUVIÈME.

ARMES ADOPTÉES POUR LA DÉFENSE DES PLACES.

Toutes les armes de jet, telles que la balle de plomb, la pique, le dard et la javeline, lancés de haut en bas, frappent avec une force supérieure. La flèche que décoche l'arc, la pierre qui s'échappe de la main, de la fronde ou du fustibale ont également une action d'autant plus énergique qu'elles partent de plus haut. Mais la baliste et l'onagre, manœuvrés avec art, surpassent tout ce qu'on a imaginé; le courage le plus ferme, les plus solides armures ne sauraient résister à leurs coups; semblables à la foudre, tout ce qu'ils atteignent est ordinairement brisé ou détruit.

CHAPITRE TRENTIÈME.

EXPÉDIENTS QUI CONSTATENT LA HAUTEUR VOULUE DES ÉCHELLES ET DES MACHINES.

Pour la prise d'une place les échelles et les machines sont d'un excellent secours, si elles sont faites dans de telles proportions qu'elles puissent dominer la hauteur de l'enceinte. Il y a deux manières de la mesurer. On noue à une flèche une ficelle dont l'une des extrémités reste libre, et on lance cette flèche au sommet des remparts; la longueur de la ficelle donne la mesure de leur élévation. Un autre moyen consiste à mesurer, à l'insu de l'ennemi, l'ombre que projettent les murailles et les tours exposées obliquement aux rayons solaires; puis on fixe en terre une perche de dix pieds, pour se rendre compte également de l'ombre qu'elle décrit. Ce calcul fait, rien de plus simple que de trouver la hauteur des fortifications du moment que l'on sait quelle étendue d'ombre fournit une hauteur connue.

CONCLUSION.

De tout ce qu'ont publié les écrivains militaires, relativement à l'attaque et à la défense des places, et de tout ce que le génie moderne a inventé à ce sujet, je crois n'avoir rien omis dans ces pages, qui ont en vue l'intérêt général. Une dernière recommandation sur laquelle j'insiste avec force, c'est qu'il faut apporter les plus grands soins à ne jamais être au dépourvu d'eau ni de vivres, dangers que toutes les ressources de l'art ne sauraient vaincre. On proportionnera donc la quantité des approvisionnements de la place à la durée présumable de son investissement.

SOMMAIRE DU LIVRE CINQUIÈME.

I. Les Romains ont eu de tout temps une flotte sur le pied de guerre.
II. Hiérarchie maritime.
III. Etymologie du mot liburne.
IV. Soins qu'exige la construction des liburnes.
V. Instructions relatives à la coupe des bois.
VI. Epoques de la coupe des bois.
VII. Liburnes.
VIII. Nombre et désignation des vents.
IX. Epoques favorables à la navigation.
X. Moyens de constater l'approche des tempêtes.
XI. Pronostics d'un temps calme ou agité.
XII. Flux et reflux.
XIII. Nécessité de la connaissance des lieux. Rôle important des rameurs.

XIV. Armes, projectiles et machines en usage dans la marine.

XV. Surprises de la guerre maritime. Dispositions d'une bataille navale. Armes spéciales, telles que solive, faux, hache à deux tranchants.

VÉGÈCE

TRAITÉ DE L'ART MILITAIRE

LIVRE CINQUIÈME.

AVANT-PROPOS.

A L'EMPEREUR VALENTINIEN II.

Pour obéir aux ordres de Votre Majesté, invincible Empereur, j'ai épuisé toutes les considérations qui ont trait aux combats de terre. Il me reste à parler maintenant de la guerre maritime. Dans l'exposé de cet art, je serai sobre de développements, car depuis longtemps la mer est pacifiée, et l'on n'est plus en guerre aujourd'hui qu'avec les peuples barbares du continent.

CHAPITRE PREMIER.

LES ROMAINS ONT EU DE TOUT TEMPS UNE FLOTTE SUR LE PIED DE GUERRE.

Le peuple romain, à certaines époques, pour donner à sa puissance un relief imposant, plutôt que pour châtier la révolte, armait des bâtiments; mais, en cas d'urgence, il eut constamment une flotte à sa disposition. Car il est vrai que l'on se garde bien de déclarer la guerre et de manquer de respect au trône ou à la nation d'où l'on appréhende de promptes et vigoureuses représailles. En conséquence, deux légions se tenaient en rade, l'une à Misène, l'autre à Ravenne, assez rapprochées de Rome pour lui prêter main-forte, et prêtes, au besoin, à se diriger par mer, sans retard et sans détour, vers n'importe quelle partie du monde. La flotte de Misène avait dans son voisinage la Gaule, les Espagnes, la Mauritanie, l'Afrique, l'Égypte, la Sardaigne et la Sicile. Celle de Ravenne était à même de gagner directement l'Épire, la Macédoine, l'Achaïe, la Propontide, le Pont, l'Orient, la Crète et Chypre. Cette disposition était basée sur le principe, qu'à la guerre la promptitude est souvent plus féconde en succès que le courage.

CHAPITRE DEUXIÈME.

HIÉRARCHIE MARITIME.

Les liburnes, en station le long des côtes de la Campanie, avaient pour commandant le préfet de la flotte de Misène; celles qui étaient mouillées dans la mer d'Ionie dépendaient du préfet de la flotte de Ravenne. Ces deux chefs avaient sous leurs ordres dix tribuns, c'est-à-dire un par cohorte. Chaque liburne était commandée par un navarque, officier de marine qui, en dehors du service des matelots, consacrait exclusivement ses soins à exercer sans relâche pilotes, rameurs et soldats.

CHAPITRE TROISIÈME.

ÉTYMOLOGIE DU MOT LIBURNE.

Plusieurs nations, en signalant à diverses époques leur puissance sur mer, ont adopté différentes espèces de bâtiments. Ainsi, à la bataille d'Actium, où Auguste, merveilleusement secondé par la marine des Liburniens, mit Antoine en déroute, on reconnut, d'après le résultat de cet engagement décisif, que les vaisseaux de ces auxiliaires étaient bien supérieurs à toutes les constructions navales. Dès lors, les empereurs romains ont composé la flotte de navires dont la forme et le nom sont empruntés à la Liburnie. Cette contrée, dépendante de la Dalmatie, a pour capitale Zara. Nos navires de guerre, dont elle a fourni le modèle, ont pris le nom de liburnes.

CHAPITRE QUATRIÈME

SOINS QU'EXIGE LA CONSTRUCTION DES LIBURNES.

Si, lorsqu'on bâtit une maison, la qualité du sable et de la pierre est une des conditions essentielles, la construction d'un vaisseau exige une attention beaucoup plus sévère dans le choix des matériaux, car un navire défectueux entraîne de plus grands dangers qu'une maison en mauvais état. Les bois employés à la charpente des liburnes sont, entre autres, le cyprès, le pin domestique, le mélèze et le sapin. Quant aux clous, l'airain est préférable au fer; il est vrai que l'airain est un peu plus coûteux, mais sa durée offre un avantage évident. Des clous de fer, exposés à l'action de l'air et de l'humidité, sont bientôt rongés par la rouille, tandis que l'airain, même dans l'eau, reste inaltérable.

CHAPITRE CINQUIÈME.

INSTRUCTIONS RELATIVES A LA COUPE DES BOIS.

Il est à propos de savoir que les arbres destinés à la construction des liburnes se coupent du quinze au vingt-trois du mois. Les bois abattus durant ces huit jours sé conservent parfaitement sains, tandis que ceux que l'on coupe à une autre époque, rongés intérieurement par les vers, tombent en poussière avant la fin de l'année. Ce phénomène, que révèlent les leçons de l'art et l'expérience journalière des constructeurs, est confirmé en quelque sorte par les règlements de la religion elle-même, qui a voulu que le temps pascal fût célébré à jamais dans la période de cet octave.

CHAPITRE SIXIÈME.

ÉPOQUE DE LA COUPE DES BOIS.

Les saisons favorables à la coupe des bois sont, après le solstice d'été, les mois de juillet et d'août, et à partir de l'équinoxe d'automne jusqu'aux calendes de janvier. A cette époque, la sève étant morte, l'arbre est moins humide et par conséquent plus susceptible de conservation. Mais il faut bien se garder de scier le bois immédiatement après qu'il a été abattu, ni de le convertir en bâtiment au sortir du sciage; pour obtenir une sécheresse complète, on le laissera de côté, d'abord à l'état de tronc, puis lorsqu'il aura été débité en planches. Car les bois verts, employés aux constructions, se retirent en perdant leur humidité et forment de larges fentes, très-dangereuses pour les navigateurs.

CHAPITRE SEPTIÈME.

LIBURNES.

Quant à la dimension des liburnes, les plus

petites n'ont qu'un seul banc de rameurs, d'autres, un peu plus grandes, en ont deux; la proportion la plus usitée est de trois, de quatre et même de cinq bancs. Ce chiffre ne paraîtra point extraordinaire, si l'on songe qu'à la bataille d'Actium, il y eut en ligne des bâtiments plus considérables, pourvus de six bancs et même davantage. On adjoint aux grosses liburnes des chaloupes d'observation montées chacune d'une vingtaine de rameurs. Ces chaloupes, que les Bretons nomment bateaux peints, opèrent les surprises, interceptent quelquefois les convois de l'ennemi et, dans leurs courses hardies, démasquent son approche et ses plans. Mais, pour que ces embarcations puissent agir avec sécurité, on a soin de teindre leurs voiles et leurs cordages en bleu de mer, et d'imprégner de cette couleur la poix qui les enduit. Les matelots et les soldats sont vêtus d'habits bleus, ce qui, au lieu de les restreindre à des explorations de nuit, les leur permet même pendant le jour.

CHAPITRE HUITIÈME.

NOMBRE ET DÉSIGNATION DES VENTS.

Le commandant d'une flotte expéditionnaire

doit connaître les signes précurseurs des tempêtes, car les flots soulevés par l'ouragan ont souvent exposé les navires à plus de desastres que n'aurait pu le faire la fureur de l'ennemi. Aussi faut-il étudier soigneusement les lois physiques qui président à la direction des vents, d'où proviennent les naufrages. Si la prévoyance est une sauvegarde contre les dangers de la mer, la négligence, au contraire, provoque un funeste dénouement. Le nombre des vents et leurs noms constituent les premiers éléments de l'art de la navigation. Les anciens ne connaissaient que les quatre vents principaux qui correspondent aux quatre points cardinaux; mais des expériences récentes en ont signalé douze. Pour plus de clarté, nous donnerons les désignations grecques et latines de chaque vent principal, ainsi que celles des vents secondaires qui les flanquent à droite et à gauche. Commençons par le solstice du printemps, c'est-à-dire par l'Orient; le vent qui naît dans cette région se nomme l'est; à sa droite est le nord-est, à sa gauche l'Eurus ou sud-est. Du Midi part le Notus ou l'Auster; à sa droite est le sud-ouest, à sa gauche le nord-ouest. De l'Occident vient le Zéphir, qui a pour collatéraux à droite l'Africus ou ouest-sud-ouest, à gauche le Favonius ou ouest-nord-ouest. Le Septentrion est le vent du nord, dont les collatéraux sont à droite le Circius, à gauche Borée ou l'Aquilon. Ces vents agissent ordinairement seuls, quelquefois ils vont par deux; mais, dans les grandes tempêtes, on en compte jusqu'à trois. Sur une mer naturellement calme et tranquille, leur violence fait bouillonner les flots. Suivant les saisons et les climats, leur souffle rétablit la sérénité après l'orage, et réciproquement l'orage après la sérénité. Si le vent est favorable, la flotte atteint le port désiré; s'il est contraire, elle est forcée de s'arrêter, de retourner en arrière ou de braver le péril. Or, le marin au fait de la direction des vents s'expose rarement à essayer un naufrage.

CHAPITRE NEUVIÈME.

ÉPOQUES FAVORABLES A LA NAVIGATION.

Vient maintenant l'étude du calendrier. La mer n'est point redoutable à toutes les époques de l'année; il y a des mois privilégiés, d'autres douteux, quelques-uns qui interdisent rigoureusement la navigation. Depuis le lever des Pléiades, qui date du six des calendes de juin, jusqu'au lever de l'Arcture, qui a lieu vers le dix-huit des calendes d'octobre, la mer est généralement exempte de dangers; car les ardeurs de l'été tempèrent la fougue des vents. A partir de cette époque jusqu'au trois avant les ides de novembre, la navigation offre plus de périls à cause de l'étoile de l'Arcture, dont l'apparition, après les ides de septembre, est d'un augure fâcheux. L'équinoxe d'automne, huit jours avant les calendes d'octobre, soulève de violentes tempêtes. La constellation des Chevreaux, vers les nones d'octobre, et celle du Taureau, le cinq avant les ides du même mois, amènent des pluies abondantes. Dans les premiers jours du mois de novembre, le coucher des Pléiades, aux approches de l'hiver, expose les vaisseaux à de fréquentes bourrasques. Mais, depuis le trois des ides de novembre jusqu'au six des ides de mars, la mer n'est plus tenable. La brièveté du jour, la longueur des nuits, l'épaisseur des nuages, l'obscurité de l'atmosphère, les inconvénients réunis du vent, de la pluie, de la neige empêchent non-seulement les expéditions maritimes, mais encore les communications par terre. Le jour qui voit, pour ainsi dire, la navigation renaître est célébré par des fêtes et des réjouissances publiques, où plusieurs nations se donnent rendez-vous. Toutefois, l'influence de certains astres et la saison elle-même contribuent à rendre la mer dangereuse jusqu'aux ides de mai. Il est vrai que les relations commerciales subsistent quand même ; mais l'avidité téméraire du spéculateur ne fait point autorité quand il s'agit du salut des flottes de l'Etat.

CHAPITRE DIXIÈME.

MOYENS DE CONSTATER L'APPROCHE DES TEMPÊTES.

Il est encore d'autres étoiles dont le lever et le coucher provoquent de fortes tempêtes. Les savants ont précisé l'époque de l'apparition de ces astres ; mais des accidents imprévus peuvent intervertir les calculs de la science, et d'ailleurs il faut reconnaître qu'il n'est point donné à l'organisation humaine de sonder les mystères des cieux. Le marin, guidé par l'expérience, sait qu'une tempête éclate au jour annoncé, ou la veille ou le lendemain. Chacune de ces manifestations, suivant qu'elle a lieu antérieurement, postérieurement ou juste à l'heure dite, est désigné en grec par un terme spécial. Nous ne reproduirons pas ici cette longue énumération. Du reste, plusieurs écrivains ont publié des observations exactes sur les mois et les jours. Les étoiles fixes ou planètes, après un certain temps déterminé par le Créateur, décrivent à l'horizon un mouvement ascendant ou rétrograde, ce qui occasionne une perturbation atmosphérique. Quant aux jours qui précèdent et suivent la conjonction de la lune, le bon sens du vulgaire et les lumières de l'expérience les signalent comme une époque critique pour la navigation.

CHAPITRE ONZIÈME.

PRONOSTICS D'UN TEMPS CALME OU AGITÉ.

Une foule de symptômes annoncent pendant le calme l'approche de l'orage, et durant la tempête, le retour de la sérénité. Le disque de la lune est comme un miroir où se reflètent ces indices; rouge, il présage le vent; bleuâtre, la pluie; le mélange de ces deux teintes accuse de prochaines et violentes bourrasques. Un disque d'une transparence absolue promet au navigateur la sérénité dont il est l'emblème; il y a plus de certitude encore lorsque la lune, à son dernier quartier, décrit un croissant parfait, qui n'est ni rougeâtre, ni obscurci par les vapeurs de l'atmosphère. On remarquera le soleil, à son lever et à son coucher ; s'il darde ses rayons avec une force égale, ou si les nuages en tempèrent la vivacité ; quand ce foyer lumineux prend une couleur de feu, les vents sont à craindre ; s'il est pâle et tacheté, la pluie menace. L'air, la mer elle-même, la grandeur et l'aspect des nuages sont pour les matelots attentifs une source de révélations. Les oiseaux et les poissons fournissent une série de remarques, qu'ont reproduites, Virgile dans ses admirables *Géorgiques*, et Varron dans son *Traité de la navigation*. Mais la connaissance de ces détails, de l'aveu même des pilotes, est plutôt le résultat de l'expérience que le fruit d'un enseignement théorique.

CHAPITRE DOUZIÈME

FLUX ET REFLUX.

La mer, cet élément qui occupe un tiers dans l'organisation du monde, indépendamment de l'influence des vents, est soumise à des mouvements d'oscillation qui lui sont propres. Ainsi, à certaines heures du jour et de la nuit, un mouvement de va et-vient, nommé flux et reflux, se manifeste dans l'Océan. On le voit, avec la rapidité d'un fleuve, tantôt se répandre dans les terres, tantôt refluer sur son immensité. Ce phénomène, suivant ses variations, facilite ou retarde la course des vaisseaux. On aura grand soin, avant de livrer bataille, de ne pas s'exposer à cet inconvénient, car le secours des rames est impuissant à surmonter le reflux, qui quelquefois même résiste à la violence du vent. Dans plusieurs contrées, les diverses phases de la lune déterminent ces mouvements à des heures précises. Il faut donc, avant d'engager un combat naval, s'enquérir des phénomènes habituels aux parages où l'on se trouve.

CHAPITRE TREIZIÈME.

NÉCESSITÉ DE LA CONNAISSANCE DES LIEUX. ROLE IMPORTANT DES RAMEURS.

Le talent de l'homme de mer et du pilote consiste à reconnaître les parages qu'ils doivent parcourir et les différents ports, afin d'éviter les récifs, les écueils sous-marins et les bas-fonds. Plus la mer est haute, plus grande est la sécurité. On recherche dans le navarque l'activité, dans le pilote l'expérience, dans le rameur la force. Une bataille navale, en effet, a lieu d'ordinaire quand la mer est calme; à l'impulsion des vents succède celle des rameurs, chargés de mouvoir la masse énorme du navire, soit qu'il faille frapper de l'éperon les vaisseaux ennemis ou éviter leur choc. Or, des bras robustes pour manier la rame et une main ferme et adroite au gouvernail, tels sont les éléments de succès.

CHAPITRE QUATORZIÈME.

ARMES, PROJECTILES ET MACHINES EN USAGE DANS LA MARINE.

Les combats de terre veulent une grande variété d'armes, mais une action navale exige en outre le nombreux matériel de guerre destiné à la défense des places. C'est une terrible chose qu'un abordage où le feu et l'eau conspirent simultanément à la destruction. Il faut donc avoir soin de revêtir le soldat de solides armures, telles que cataphractes, cuirasse, casque et jambarts. Peu importe le poids de l'équipement au marin qui combat sur le pont d'un navire. Le bouclier doit être plus fort pour résister aux coups de pierres, plus large pour braver la faux, le grappin et autres instruments d'attaque usités dans la marine. Flèches, javelines, fustibales, frondes, balles de plomb, onagres, balistes, scorpions préludent à la mêlée; après un échange de projectiles, les plus intrépides rapprochent leurs vaisseaux, se frayent un passage sur ceux de l'ennemi au moyen de ponts qu'ils abaissent, et là, le fer en main, on se bat corps à corps. On construit même des liburnes de grande dimension, des tours et les parapets en planches, qui sont autant de remparts du haut desquels on fait pleuvoir sur l'ennemi les blessures et la mort. Des flèches enflammées, garnies de bitume, de soufre, d'étoupes et d'huile inflammable, sont lancées par la baliste contre le flanc des embarcations de l'ennemi, dont la charpente, imprégnée de cire, de poix et de résine, devient en un clin d'œil la proie de l'incendie. Ici, les ravages du fer et des pierres; là, les flammes dévorantes et les flots; et au milieu de trépas si douloureux, pour comble de malheurs, les corps, privés des honneurs de la sépulture, sont la pâture des poissons.

CHAPITRE QUINZIÈME.

SURPRISES DE LA GUERRE MARITIME. DISPOSITIONS D'UNE BATAILLE NAVALE. ARMES SPÉCIALES, TELLES QUE SOLIVES, FAUX, HACHE A DEUX TRANCHANTS.

A l'exemple des surprises qui se pratiquent dans les combats de terre, les marins, qui ne se tiennent pas sur leurs gardes, sont exposés, notamment dans les étroits passages qui séparent les îles, à des embuscades où succombe leur imprévoyance. Lorsqu'une longue navigation a fatigué les rameurs de l'ennemi, si le vent lui est contraire, si le reflux le prend debout, s'il sommeille sans précaution, en un mot, aussitôt que l'occasion se présente de l'attaquer avec avantage, on doit seconder de toutes ses forces les faveurs de la fortune et ne point hésiter à livrer bataille. Si toutefois la prudence de l'ennemi lui fait éviter les embûches, on en viendra à une bataille rangée. Les vaisseaux, au lieu de se développer en ligne droite, comme l'armée de terre, se replieront en demi-lune, les deux ailes avancées, le centre en arrière. Cette disposition permet d'envelopper et d'écraser l'adversaire, s'il essaie de forcer la ligne. Les ailes se composent des plus solides navires, montés des meilleurs soldats. Il est essentiel, pour la liberté des manœuvres, de tenir toujours la haute mer et de pousser l'ennemi vers la côte ; adossé au rivage, il perdra l'ascendant de l'initiative. On emploie ordinairement dans ce genre de guerre trois armes décisives : la solive, la faux, la hache à deux tranchants. La solive est une pièce de bois longue et mince, attachée au mât en guise de vergue, et garnie de fer aux deux extrémités. L'ennemi prépare-t-il un abordage à la droite ou à la gauche du vaisseau, cette solive, poussée avec autant de force qu'un bélier, culbute, écrase soldats et matelots, et souvent même entr'ouvre le navire. La faux est un fer extrêmement tranchant, d'une forme recourbée ; assujetti à de longues perches, il coupe en un clin d'œil les cordages qui supportent les vergues, entraîne la chute des voiles et réduit le vaisseau à une marche lourde et stérile. La hache à deux tranchants est un instrument de fer large et aiguisé des deux bouts. Des soldats ou des matelots d'élite, montés sur de petites barques, s'en servent, dans le fort de l'action, pour couper secrètement les câbles qui retiennent les gouvernails de l'ennemi. Ceci fait, le vaisseau, dans l'impuissance de résister et de se mouvoir, est pris infailliblement; car quel espoir reste-t-il au marin privé de son gouvernail? Quant aux bâtiments qui croisent sur le Danube, je m'abstiens d'en parler; à ce sujet, les leçons d'une pratique journalière en apprennent plus que tous les développements de la science.

FIN.

Argenteuil. — Imprimerie Worms et Cie.

TABLE DES MATIÈRES.

		Pages.
	Avertissement.	1

Livre premier.

		Pages.
	Avant-propos.	5
I.	La pratique des armes a valu seule aux Romains la conquête de tous les peuples.	7
II.	Parmi quelles nations choisir les recrues.	8
III.	Les recrues des campagnes sont-elles préférables à celles des villes?	9
IV.	A quel âge admettre le conscrit.	11
V.	Taille du conscrit	12
VI.	Indices physiques qui caractérisent les meilleurs sujets.	13
VII.	Professions en harmonie ou en désaccord avec le métier des armes.	14
VIII.	Marque distinctive donnée au conscrit.	16
IX.	Pas militaire, course, saut.	18
X.	Natation	19
XI.	Exercice de la quintaine usité chez les anciens.	20
XII.	Supériorité de la pointe sur le taillant.	22
XIII.	Escrime.	23
XIV.	Javelot.	24

		Pages.
XV.	Arc.	25
XVI.	Fronde.	26
XVII.	Balles de plomb.	27
XVIII.	Equitation.	28
XIX.	Charge du soldat.	29
XX.	Armes en usage chez les anciens.	id.
XXI.	Utilité de la fortification des camps.	34
XXII.	Assiette d'un camp.	35
XXIII.	Tracé d'un camp	id.
XXIV.	Modes de fortification d'un camp.	36
XXV.	Retranchement d'un camp devant l'ennemi.	37
XXVI.	Évolutions de ligne.	38
XXVII.	Promenade militaire.	39
XXVIII.	Avantages de la pratique des armes.	40

Livre deuxième.

	Avant-propos.	45
I.	Eléments de l'organisation militaire	47
II.	Différence du corps auxiliaire et de la légion.	48
III.	Causes de la décadence de la légion.	50
IV.	Chiffre des légions mises anciennement sur le pied de guerre	52
V.	Organisation de la légion.	53
VI.	Nombre des cohortes dans la légion; nombre des soldats dans chaque cohorte.	54
VII.	Emplois militaires.	56
VIII.	Grades autrefois en vigueur.	58
IX.	Attributions du préfet de légion.	59

TABLE DES MATIÈRES.

		Pages.
X.	Attributions du préfet de camp.	60
XI.	Attributions du préfet des ouvriers.	61
XII.	Attributions du tribun des soldats.	62
XIII.	Centuries et enseignes.	63
XIV.	Escadrons légionnaires.	65
XV.	Ordonnance de la légion en bataille.	66
XVI.	Equipement des triaires et des centurions.	68
XVII.	Attitude immobile de l'infanterie de ligne en bataille.	69
XVIII.	Inscription du nom et du grade de chaque soldat sur le devant du bouclier.	70
XIX.	Aux avantages physiques le conscrit joindra la connaissance de l'écriture et du calcul.	72
XX.	La moitié du don militaire mise en séquestre sous le drapeau.	74
XXI.	L'avancement des légionnaires exige qu'ils passent graduellement dans chaque cohorte.	75
XXII.	Significations respectives de la trompette, du clairon et de la trompe.	76
XXIII.	Récapitulation des exercices militaires	78
XXIV.	Mobiles de l'application à la science des armes.	8(
XXV	Enumération du matériel de guerre de la légion.	82

Livre troisième.

	Avant-propos.	88
I.	Effectif d'une armée.	89
II.	Maintien de l'état sanitaire d'une armée.	92

		Pages.
III.	Approvisionnement des subsistances.	94
IV.	Observation de la discipline.	97
V.	Signes militaires.	100
VI.	Mesures de précaution que demandent les opérations militaires dans le voisinage de l'ennemi.	103
VII.	Passage des fleuves.	110
VIII.	Disposition d'un camp.	112
IX.	Considérations sur l'à-propos d'une surprise, d'une embuscade, d'une bataille rangée.	117
X.	Conduite d'un général qui commande des troupes jeunes ou déshabituées de la guerre.	122
XI.	Précautions à prendre le jour d'une bataille rangée.	127
XII.	Nécessité de sonder, avant la bataille, les dispositions morales des troupes.	130
XIII.	Choix d'un champ de bataille.	131
XIV.	Organisation d'une armée en bataille.	132
XV.	Dimension des lignes et des intervalles.	136
XVI.	Disposition de la cavalerie.	138
XVII.	Rôle des troupes de réserve.	139
XVIII.	Postes assignés au général en chef et aux généraux subalternes.	141
XIX.	Moyens de déconcerter en bataille la bravoure et les stratagèmes de l'ennemi.	143
XX.	Ordres de bataille. Moyens de remporter la victoire avec des forces inférieures.	145
XXI.	Faciliter la retraite à l'ennemi, pour le détruire plus aisément.	151

		Pages.
XXII.	Comment faire pour se dérober à l'ennemi, si l'on veut refuser le combat.	152
XXIII.	De l'emploi des chameaux et de la cavalerie bardée de fer.	156
XXIV.	Moyens de résister en bataille aux chars armés de faux et aux éléphants.	157
XXV.	Conduite à tenir pour parer à la déroute partielle ou complète d'une armée.	160
XXVI.	Maximes militaires.	163

Livre quatrième.

	Avant-propos.	171
I.	Fortifications naturelles, artificielles, mixtes.	173
II.	Murs d'enceinte à angles saillants.	174
III.	Terre-pleins.	id.
IV.	Herses préservatives de l'incendie des portes.	175
V.	Tranchées.	176
VI.	Moyens de soustraire les assiégés à l'atteinte des flèches.	id.
VII.	Précautions à prendre pour garantir une place de la famine.	177
VIII.	Mesures concernant la défense des remparts.	179
IX.	Comment remplacer les cordes des machines.	180
X.	Moyens d'assurer à une place l'alimentation de l'eau.	181
XI.	Comment suppléer le sel.	182
XII.	Comment repousser un assaut de vive force.	183
XIII.	Machines destinées à l'attaque des places.	184

		Pages.
XIV.	Tortues avec faux ou bélier.	184
XV.	Mantelets, toits mobiles, terrasse.	185
XVI.	Galeries d'approche.	186
XVII.	Tours mobiles.	187
XVIII.	Incendie des tours mobiles.	189
XIX.	Surcroît d'élévation donné aux remparts.	190
XX.	Mines dirigées contre la tour mobile.	191
XXI.	Echelles, sambuque, pont-levis, toléno.	192
XXII.	Armes défensives, telles que baliste, onagre, scorpion, arbalète, fustibale, fronde.	193
XXIII.	Moyens de défense employés contre le bélier, tels que matelas, lacets, grappins, fûts de colonne.	195
XXIV.	Mines pour détruire les remparts ou faciliter l'invasion de la place.	196
XXV.	Conduite des assiégés lorsque l'ennemi s'est introduit dans la place.	197
XXVI.	Précautions contre une surprise de remparts.	198
XXVII.	Moyens de surprendre les assiégés.	199
XXVIII.	Précautions des assiégeants contre une surprise.	200
XXIX.	Armes adoptées pour la défense des places.	201
XXX.	Expédients qui constatent la hauteur voulue des échelles et des machines	202

Livre cinquième.

	Avant-propos.	207
I.	Les Romains ont eu de tout temps une flotte sur le pied de guerre.	208

TABLE DES MATIÈRES.

Pages.

II.	Hiérarchie maritime.	209
III.	Etymologie du mot liburne.	id.
IV.	Soins qu'exige la construction des liburnes.	210
V.	Instructions relatives à la coupe des bois.	211
VI.	Epoques de la coupe des bois.	212
VII.	Liburnes.	id.
VIII.	Nombre et désignation des vents.	2 3
IX.	Epoques favorables à la navigation.	215
X.	Moyens de constater l'approche des tempêtes.	216
XI.	Pronostics d'un temps calme ou agité.	218
XII.	Flux et reflux.	219
XIII.	Nécessité de la connaissance des lieux. Rôle important des rameurs.	220
XIV.	Armes, projectiles et machines en usage dans la marine.	221
XV.	Surprises de la guerre maritime. Dispositions d'une bataille navale. Armes spéciales, telles que solive, faux, hache à deux tranchants.	223

FIN DE LA TABLE DES MATIÈRES.

JULES-C

GUERRE CI

Traduction ...

Par Victor ...

SALLU[

CONJURATION DE

Traduction nou...

Par Victor B]

www.ingramcontent.com/pod-product-compliance
Lightning Source LLC
Chambersburg PA
CBHW070637170426
43200CB00010B/2055